中外食品接触材料安全性评价

尚平平　李　翔　主编

U0396611

中国轻工业出版社

图书在版编目（CIP）数据

中外食品接触材料安全性评价／尚平平，李翔主编 . —北京：中国轻工业出版社，2025.2

ISBN 978 - 7 - 5184 - 2202 - 9

Ⅰ.①中…　Ⅱ.①尚… ②李…　Ⅲ.①食品包装—包装材料—安全管理—风险评价　Ⅳ.①TS206.4

中国版本图书馆 CIP 数据核字（2019）第 058075 号

责任编辑：张　靓　　　责任终审：劳国强　　封面设计：锋尚设计
版式设计：砚祥志远　　责任校对：吴大朋　　责任监印：张　可

出版发行：中国轻工业出版社（北京鲁谷东街5号，　邮编：100040）
印　　刷：艺堂印刷（天津）有限公司
经　　销：各地新华书店
版　　次：2025 年 2 月第 1 版第 2 次印刷
开　　本：720×1000　1/16　印张：10.75
字　　数：300 千字
书　　号：ISBN 978 - 7 - 5184 - 2202 - 9　定价：46.00 元
邮购电话：010-85119873
发行电话：010-85119832　010-85119912
网　　址：http：//www.chlip.com.cn
Email：club@chlip.com.cn

《中外食品接触材料安全性评价》
编写人员

主　编　尚平平　李　翔

副主编　郭军伟　樊美娟　赵　乐

编　委　王洪波　乔梁峻　郭吉兆　颜权平

　　　　华辰凤

前　言

　　"民以食为天，食以安为先"。食品安全一直以来都是各国和社会关注的大事，随着现代食品工业的发展，食品接触材料在很大程度上已经成为食品不可分割的组成部分，其安全性是食品安全的重要组成部分。为有效保障食品接触材料安全，各个国家和地区纷纷建立了"许可制"的安全管理模式，即将食品接触材料用物质（FCS）经过安全评估后以法规或标准的形式予以许可，许可使用物质以外的物质，需按照安全性评估规程提供相应的资料，通过评审后方可使用，这种模式既保障了食品接触材料安全，又规范了食品接触材料新技术及新物质的发展。

　　中国方面，原卫生部颁布的 GB 9685—2008《食品容器、包装材料用添加剂使用卫生标准》正式标志着中国食品接触材料用添加剂安全管理模式采用"许可制"，2016 年该标准经修订后发布并更名为 GB 9685—2016《食品安全国家标准 食品接触材料及制品用添加剂使用标准》；为规范食品相关产品新品种行政许可工作，原卫生部根据《食品相关产品新品种行政许可管理规定》，于 2011 年颁布了《食品相关产品新品种申报与受理规定》（卫监督发〔2011〕49 号），规定了新物质评估需要提交的相关资料。食品相关产品新品种的安全性评价要素包括：特定迁移量、资料查证、毒理学安全性评估等。

　　美国方面，根据《联邦食品、药品和化妆品法案》1958 年修正案授权美国食品与药物管理局（FDA）管理食品添加剂，其中食品接触材料定义为间接食品添加剂。依据该法案美国 FDA 制订了《联邦法规第 21 卷 食品和药品》（Code of Federal Regulations – Title 21，简称 21 CFR），并每年修订一次。该法规共有 1499 个部分，其中第 174～178 部分、186 部分规定了 FCS 要求，采用许可列表方法列出了许可使用物质的名称、使用范围、纯度、最大残留量。联邦法规第 21 卷第 171 部分（21 CFR 171.1 – 171.130）规定了食品添加剂（包括食品接触材料）的评估要求，实践证明一种食品添加剂的评估及发布需要经历一个漫长且需要大量资源的过程。因此，针对食品接触材料，FDA 考虑到管理层面的成本（时间）/效益（安全性），提出了另外两个程序，即法规豁免（TOR）和食品接触公告程序（FCN）。两项措施的推出，有力推进了食品接触材料的发展。

欧盟方面，1996 年英国疯牛病事件、1999 年比利时二噁英风波和 2001 年法国李斯特杆菌污染事件，标志着食源性疾病在世界各国的流行和爆发不断发生，引出了对食品安全进行全面风险管理的要求。为实施全面风险管理，欧盟于 2002 年颁布《食品法规的一般原则和要求》（EC No 178/2002），将欧盟的食品安全政策由强调保障供给转变为强调保障消费者健康，并成立欧洲食品安全局（EFSA）负责欧盟范围内所有与食品有关的风险评估与风险交流工作。2004 年，针对食品接触材料，欧盟颁布了（EC）No 1935/2004 "关于拟与食品接触的材料和制品法规暨废除 80/590/EEC 和 89/109/EEC 指令"，按照该规定，授权 EFSA 负责使用物质的评估，然后由欧盟委员会批准，以指令形式发布。对于物质安全性评估，EFSA 下属的食品科学委员会给出了申请要求，即《食品科学委员会的指导方针：FCS 在获得批准前提交的安全评估申请》，对于食品接触材料用的新物质的申请需提交的资料主要包括两部分：①非毒理学资料：包括物质特性、物理化学、预期的用途、其他国家或国际组织的授权情况、迁移实验和分析方法和残留数据等；②毒理学资料。

综上所述，目前中国、美国和欧盟均形成了较完善的食品接触材料新物质安全性评估体系，为方便广大关注食品接触材料安全人员的阅读，本书对中国食品接触材料安全性评价的相关法规进行梳理，并对美国和欧盟的法规进行翻译。本书共分为三部分：第一部分主要介绍中国食品接触材料安全性评估相关法规、毒理学评估资料要求和资料评审相关规定；第二部分主要介绍美国 FCS 安全性评估的化学建议和毒理学建议；第三部分主要介绍欧盟食品接触材料指南，和 EFSA 食品接触材料中使用物质许可前安全评估的申请指南。

关于本书中物理量单位的声明：美国和欧盟在表示食品接触材料用物质的迁移量或暴露量时常采用 ppm、ppb 等非统一国际单位，书中也直接采用原文件的物理量单位。

我们在编写和翻译过程中虽然力求完美，但由于食品接触材料涉及的知识领域广泛，加上编者水平有限，书中难免存在错误和不足，希望读者批评指正，以求进一步地完善和提高。

编者

目　录　*Contents*

第一章 中国关于食品接触材料用物质 （FCS）的安全性评价

中国对于食品接触材料的监管主要是依据《中华人民共和国食品安全法》（以下简称《食品安全法》）。2013 年《食品安全法》启动修订，2015 年 4 月 24 日，新修订的《食品安全法》经第十二届全国人大常委会第十四次会议审议通过。被称为"史上最严"食品安全法通过，网购食品纳入监管。新版《食品安全法》共十章，154 条，于 2015 年 10 月 1 日起正式施行。对于食品接触材料，《食品安全法》的第二条规定，在中华人民共和国境内从事下列活动，应当遵守本法。

（三）用于食品的包装材料、容器、洗涤剂、消毒剂和用于食品生产经营的工具、设备（以下称食品相关产品）的生产经营；

（四）食品生产经营者使用食品添加剂、食品相关产品；

（六）对食品、食品添加剂、食品相关产品的安全管理。

目前，我国已初步建成了食品接触材料法规管理体系，包括一系列的标准和卫生管理办法，下面对标准和管理办法进行概述。

第一节 食品接触材料用物质（FCS）的标准

目前，我国食品接触材料方面的标准主要由基础标准、产品标准、检验方法标准及规范标准四部分构成。这些标准涵盖了塑料、橡胶、纸、玻璃、陶瓷、搪瓷、涂料、金属以及复合材料等食品接触材料。

1. 基础标准

为 GB 9685—2016《食品安全国家标准 食品接触材料及制品用添加剂使用标准》。

2. 产品标准

分为产品安全标准和产品质量标准，主要为 GB 4806 系列标准，具体标准如下。

GB 4806.1—2016《食品安全国家标准食品接触材料及制品通用安全要

求》；

GB 4806.2—2015《食品安全国家标准　奶嘴》；

GB 4806.3—2016《食品安全国家标准　搪瓷制品》；

GB 4806.4—2016《食品安全国家标准　陶瓷制品》；

GB 4806.5—2016《食品安全国家标准　玻璃制品》；

GB 4806.6—2016《食品安全国家标准　食品接触用塑料树脂》；

GB 4806.7—2016《食品安全国家标准　食品接触用塑料材料及制品》；

GB 4806.8—2016《食品安全国家标准　食品接触用纸和纸板材料及制品》；

GB 4806.9—2016《食品安全国家标准　食品接触用金属材料及制品》；

GB 4806.10—2016《食品安全国家标准　食品接触用涂料及涂层》；

GB 4806.11—2016《食品安全国家标准　食品接触用橡胶材料及制品》。

3. 检验方法标准

主要包括产品安全标准的分析方法标准和少部分迁移试验方法标准，分别是 GB15193 系列标准和 GB 31604 系列标准，具体标准如下。

GB 15193.1—2014《食品安全国家标准　食品安全性毒理学评价程序》；

GB 15193.2—2014《食品安全国家标准　食品毒理学实验室操作规范》；

GB 15193.3—2014《食品安全国家标准　急性经口毒性试验》；

GB 15193.4—2014《食品安全国家标准　细菌回复突变试验》；

GB 15193.5—2014《食品安全国家标准　哺乳动物红细胞微核试验》；

GB 15193.6—2014《食品安全国家标准　哺乳动物骨髓细胞染色体畸变试验》；

GB 15193.7—2003《小鼠精子畸形试验》（已废止）；

GB 15193.8—2014《食品安全国家标准　小鼠精原细胞或精母细胞染色体畸变试验》；

GB 15193.9—2014《食品安全国家标准　啮齿类动物显性致死试验》；

GB 15193.10—2014《食品安全国家标准　体外哺乳类细胞 DNA 损伤修复（非程序性 DNA 合成）试验》；

GB 15193.11—2015《食品安全国家标准　果蝇伴性隐性致死试验》；

GB 15193.12—2014《食品安全国家标准　体外哺乳类细胞 HGPRT 基因突变试验》；

GB 15193.13—2015《食品安全国家标准　90 天经口毒性试验》；

GB 15193.14—2015《食品安全国家标准　致畸试验》；

GB 15193.15—2015《食品安全国家标准　生殖毒性试验》；

GB 15193.16—2014《食品安全国家标准　毒物动力学试验》；

GB 15193.17—2015《食品安全国家标准　慢性毒性和致癌合并试验》；

　　GB 15193.18—2015《食品安全国家标准　健康指导值》；

　　GB 15193.19—2015《食品安全国家标准　致突变物、致畸物和致癌物的处理方法》；

　　GB 15193.20—2014《食品安全国家标准　体外哺乳类细胞 TK 基因突变试验》；

　　GB 15193.21—2014《食品安全国家标准　受试物试验前处理方法》；

　　GB 15193.22—2014《食品安全国家标准　28 天经口毒性试验》；

　　GB 15193.23—2014《食品安全国家标准　体外哺乳细胞染色体畸变试验》；

　　GB 15193.24—2014《食品安全国家标准　食品安全性毒理学评价中病理学检查技术要求》；

　　GB 15193.25—2014《食品安全国家标准　生殖发育毒性试验》；

　　GB 15193.26—2015《食品安全国家标准　慢性毒性试验》；

　　GB 15193.27—2015《食品安全国家标准　致癌试验》；

　　GB 31604.1—2015《食品接触材料及制品迁移试验通则》；

　　GB 31604.2—2016《食品安全国家标准　食品接触材料及制品高锰酸钾消耗量的测定》；

　　GB 31604.3—2016《食品安全国家标准　食品接触材料及制品树脂干燥失重的测定》；

　　GB 31604.4—2016《食品安全国家标准　食品接触材料及制品树脂中挥发物的测定》；

　　GB 31604.5—2016《食品安全国家标准　食品接触材料及制品树脂中提取物的测定》；

　　GB 31604.6—2016《食品安全国家标准　食品接触材料及制品树脂中灼烧残渣的测定》；

　　GB 31604.7—2016《食品安全国家标准　食品接触材料及制品脱色试验》；

　　GB 31604.8—2016《食品安全国家标准　食品接触材料及制品总迁移量的测定》；

　　GB 31604.9—2016《食品安全国家标准　食品接触材料及制品食品模拟物中重金属的测定》；

　　GB 31604.10—2016《食品安全国家标准　食品接触材料及制品 2,2 - 二（4 - 羟基苯基）丙烷（双酚 A）迁移量的测定》；

　　GB 31604.11—2016《食品安全国家标准　食品接触材料及制品 1,3 - 苯二甲胺迁移量的测定》；

GB 31604.12—2016《食品安全国家标准 食品接触材料及制品 1,3 - 丁二烯的测定和迁移量的测定》；

GB 31604.13—2016《食品安全国家标准 食品接触材料及制品 11 - 氨基十一酸迁移量的测定》；

GB 31604.14—2016《食品安全国家标准 食品接触材料及制品 1 - 辛烯和四氢呋喃迁移量的测定》；

GB 31604.15—2016《食品安全国家标准 食品接触材料及制品 2,4,6 - 三氨基 - 1,3,5 - 三嗪（三聚氰胺）迁移量的测定》；

GB 31604.16—2016《食品安全国家标准 食品接触材料及制品 苯乙烯和乙苯的测定》；

GB 31604.17—2016《食品安全国家标准 食品接触材料及制品 丙烯腈的测定和迁移量的测定》；

GB 31604.18—2016《食品安全国家标准 食品接触材料及制品 丙烯酰胺迁移量的测定》；

GB 31604.19—2016《食品安全国家标准 食品接触材料及制品 己内酰胺的测定和迁移量的测定》；

GB 31604.20—2016《食品安全国家标准 食品接触材料及制品 醋酸乙烯酯迁移量的测定》；

GB 31604.21—2016《食品安全国家标准 食品接触材料及制品 对苯二甲酸迁移量的测定》；

GB 31604.22—2016《食品安全国家标准 食品接触材料及制品 发泡聚苯乙烯成型品中二氟二氯甲烷的测定》；

GB 31604.23—2016《食品安全国家标准 食品接触材料及制品 复合食品接触材料中二氨基甲苯的测定》；

GB 31604.24—2016《食品安全国家标准 食品接触材料及制品 镉迁移量的测定》；

GB 31604.25—2016《食品安全国家标准 食品接触材料及制品 铬迁移量的测定》；

GB 31604.26—2016《食品安全国家标准 食品接触材料及制品 环氧氯丙烷的测定和迁移量的测定》；

GB 31604.27—2016《食品安全国家标准 食品接触材料及制品 塑料中环氧乙烷和环氧丙烷的测定》；

GB 31604.28—2016《食品安全国家标准 食品接触材料及制品 己二酸二（2—乙基）己酯的测定和迁移量的测定》；

GB 31604.29—2016《食品安全国家标准 食品接触材料及制品 甲基丙烯

酸甲酯迁移量的测定》；

GB 31604.30—2016《食品安全国家标准 食品接触材料及制品邻苯二甲酸酯的测定和迁移量的测定》；

GB 31604.31—2016《食品安全国家标准 食品接触材料及制品氯乙烯的测定和迁移量的测定》；

GB 31604.32—2016《食品安全国家标准 食品接触材料及制品木质材料中二氧化硫的测定》；

GB 31604.33—2016《食品安全国家标准 食品接触材料及制品镍迁移量的测定》；

GB 31604.34—2016《食品安全国家标准 食品接触材料及制品铅的测定和迁移量的测定》；

GB 31604.35—2016《食品安全国家标准 食品接触材料及制品全氟辛烷磺酸（PFOS）和全氟辛酸（PFOA）的测定》；

GB 31604.36—2016《食品安全国家标准 食品接触材料及制品软木中杂酚油的测定》；

GB 31604.37—2016《食品安全国家标准 食品接触材料及制品三乙胺和三正丁胺的测定》；

GB 31604.38—2016《食品安全国家标准 食品接触材料及制品砷的测定和迁移量的测定》；

GB 31604.39—2016《食品安全国家标准 食品接触材料及制品食品接触用纸中多氯联苯的测定》；

GB 31604.40—2016《食品安全国家标准 食品接触材料及制品顺丁烯二酸及其酸酐迁移量的测定》；

GB 31604.41—2016《食品安全国家标准 食品接触材料及制品锑迁移量的测定》；

GB 31604.42—2016《食品安全国家标准 食品接触材料及制品锌迁移量的测定》；

GB 31604.43—2016《食品安全国家标准 食品接触材料及制品乙二胺和己二胺迁移量的测定》；

GB 31604.44—2016《食品安全国家标准 食品接触材料及制品乙二醇和二甘醇迁移量的测定》；

GB 31604.45—2016《食品安全国家标准 食品接触材料及制品异氰酸酯的测定》；

GB 31604.46—2016《食品安全国家标准 食品接触材料及制品游离酚的测定和迁移量的测定》；

GB 31604.47—2016《食品安全国家标准　食品接触材料及制品纸、纸板及纸制品中荧光增白剂的测定》；

GB 31604.48—2016《食品安全国家标准　食品接触材料及制品甲醛迁移量的测定》

GB 31604.49—2016《食品安全国家标准　食品接触材料及制品砷、镉、铬、铅的测定和砷、镉、铬、镍、铅、锑、锌迁移量的测定》；

GB 5009.156—2016《食品接触材料及制品迁移试验预处理方法通则》。

4. 规范标准

主要包括 GB/T 23887—2009《食品包装容器及材料生产企业通用良好操作规范》，及部分食品接触材料生产规范的行业标准等。

第二节　食品相关产品新品种行政许可管理规定

对于尚未许可的物质和扩大使用范围或用量的已许可物质，目前主要依据《中国食品相关产品新品种行政许可管理规定》《食品相关产品新品种申报与受理规定》进行管理。

为贯彻《食品安全法》及其实施条例，规范食品相关产品新品种行政许可工作，2011 年原卫生部印发了《食品相关产品新品种行政许可管理规定》的通知（卫监督发〔2011〕25 号），要求各省、自治区、直辖市卫生厅局，新疆生产建设兵团卫生局，中国疾病预防控制中心，卫生部卫生监督中心遵照执行，并将执行中的有关问题及时反馈。

《中国食品相关产品新品种行政许可管理规定》具体内容如下：

第一条　为规范食品相关产品新品种的安全性评估和许可工作，根据《食品安全法》及其实施条例的规定，制定本规定。

第二条　本规定所称食品相关产品新品种，是指用于食品包装材料、容器、洗涤剂、消毒剂和用于食品生产经营的工具、设备的新材料、新原料或新添加剂，具体包括：

（一）尚未列入食品安全国家标准或者卫生部公告允许使用的食品包装材料、容器及其添加剂；

（二）扩大使用范围或者使用量的食品包装材料、容器及其添加剂；

（三）尚未列入食品用消毒剂、洗涤剂原料名单的新原料；

（四）食品生产经营用工具、设备中直接接触食品的新材料、新添加剂。

第三条　食品相关产品应当符合下列要求：

（一）用途明确，具有技术必要性；

（二）在正常合理使用情况下不对人体健康产生危害；

（三）不造成食品成分、结构或色香味等性质的改变；

（四）在达到预期效果时尽可能降低使用量。

第四条　卫生部负责食品相关产品新品种许可工作，制订安全性评估技术规范，并指定卫生部卫生监督中心作为食品相关产品新品种技术审评机构（以下简称审评机构），负责食品相关产品新品种的申报受理、组织安全性评估、技术审核和报批等工作。

第五条　申请食品相关产品新品种许可的单位或个人（以下简称申请人），应当向审评机构提出申请，并提交下列材料：

（一）申请表；

（二）理化特性；

（三）技术必要性、用途及使用条件；

（四）生产工艺；

（五）质量规格要求、检验方法及检验报告；

（六）毒理学安全性评估资料；

（七）迁移量和/或残留量、估计膳食暴露量及其评估方法；

（八）国内外允许使用情况的资料或证明文件；

（九）其他有助于评估的资料。

申请食品用消毒剂、洗涤剂新原料的，可以免于提交第七项资料。

申请食品包装材料、容器、工具、设备用新添加剂的，还应当提交使用范围、使用量等资料。

申请食品包装材料、容器、工具、设备用添加剂扩大使用范围或使用量的，应当提交第（一）项、第（三）项、第（六）项、第（七）项及使用范围、使用量等资料。

第六条　申请首次进口食品相关产品新品种的，除提交第五条规定的材料外，还应当提交以下材料：

（一）出口国（地区）相关部门或者机构出具的允许该产品在本国（地区）生产或者销售的证明材料；

（二）生产企业所在国（地区）有关机构或者组织出具的对生产企业审查或者认证的证明材料；

（三）受委托申请人应当提交委托申报的委托书；

（四）中文译文应当有中国公证机关的公证。

第七条　申请人应当如实提交有关材料，反映真实情况，并对申请材料的真实性负责，承担法律后果。

第八条　申请人应当在其提交的资料中注明不涉及商业秘密，可以向社会公开的内容。

第九条 审评机构应当在受理后 60 日内组织医学、食品、化工、材料等方面的专家，对食品相关产品新品种的安全性进行技术评审，并作出技术评审结论。对技术评审过程中需要补充资料的，审评机构应当及时书面一次性告知申请人，申请人应当按照要求及时补充有关资料。

根据技术评审需要，审评机构可以要求申请人现场解答有关技术问题，申请人应当予以配合。必要时可以组织专家对食品相关产品新品种研制及生产现场进行核实、评价。

需要对相关资料和检验结果进行验证试验的，审评机构应当将检验项目、检验批次、检验方法等要求告知申请人。验证试验应当在取得资质认定的检验机构进行。对尚无食品安全国家标准检验方法的，应当首先对检验方法进行验证。

第十条 食品相关产品新品种行政许可的具体程序按照《行政许可法》、《卫生行政许可管理办法》等有关规定执行。

第十一条 审评机构应当在评审过程中向社会公开征求意见。

根据技术评审结论，卫生部对符合食品安全要求的食品相关产品新品种准予许可并予以公告。对不符合要求的，不予许可并书面说明理由。符合卫生部公告要求的食品相关产品（包括进口食品相关产品），不需再次申请许可。

第十二条 卫生部根据食品相关产品安全性评估结果，按照食品安全国家标准管理的有关规定制订公布相应食品安全国家标准。

相应的食品安全国家标准公布后，原公告自动废止。

第十三条 有下列情况之一的，卫生部应当及时组织专家对已批准的食品相关产品进行重新评估：

（一）随着科学技术的发展，对食品相关产品的安全性产生质疑的；

（二）有证据表明食品相关产品的安全性可能存在问题的。

经重新评价认为不符合食品安全要求的，卫生部可以公告撤销已批准的食品相关产品新品种或者修订其使用范围和用量。

第十四条 使用《可用于食品的消毒剂原料（成分）名单》中所列原料生产消毒剂的，应当执行《传染病防治法》《消毒管理办法》及卫生部有关规定。

第十五条 审评机构对食品相关产品新品种审批资料实行档案管理，建立食品相关产品新品种审批数据库，并按照有关规定提供检索和咨询服务。

第十六条 本规定由卫生部负责解释，自 2011 年 6 月 1 日起施行。

第三节　食品相关产品新品种申报与受理规定

《食品相关产品新品种申报与受理规定》主要介绍了申请新食品接触材料的评估资料要求，具体内容如下：

第一条　为规范食品相关产品新品种的申报与受理工作，根据《食品相关产品新品种行政许可管理规定》，制定本规定。

第二条　申请食品相关产品新品种的单位或个人（以下简称申请人）应当向卫生部卫生监督中心提交申报资料原件1份、复印件4份、电子文件光盘1件以及必要的样品。同时，填写供公开征求意见的内容。

第三条　申报资料应当按照下列顺序排列，逐页标明页码，使用明显的区分标志，并装订成册。

（一）申请表；

（二）理化特性；

（三）技术必要性、用途及使用条件；

（四）生产工艺；

（五）质量规格要求、检验方法及检验报告；

（六）毒理学安全性评估资料；

（七）迁移量和/或残留量、估计膳食暴露量及其评估方法；

（八）国内外允许使用情况的资料或证明文件；

（九）其他有助于评估的资料。

申请食品用消毒剂、洗涤剂新原料的，可以免于提交第七项资料。

申请食品包装材料、容器、工具、设备用新添加剂的，还应当提交使用范围、使用量等资料。

受委托申请人还应当提交委托书。

第四条　申请食品包装材料、容器、工具、设备用添加剂扩大使用范围或使用量的，应当提交本规定第三条的第一项、第三项、第六项、第七项及使用范围、使用量等资料。

第五条　申请首次进口食品相关产品新品种的，除提交第三条规定的材料外，还应当提交以下材料：

（一）出口国（地区）相关部门或者机构出具的允许该产品在本国（地区）生产或者销售的证明材料；

（二）生产企业所在国（地区）有关机构或者组织出具的对生产企业审查或者认证的证明材料；

（三）中文译文应当有中国公证机关的公证。

第六条　除官方证明文件外，申报资料原件应当逐页加盖申请人印章或骑缝章，电子文件光盘的封面应当加盖申请人印章；如为个人申请，还应当提供身份证件复印件。

第七条　申请资料应当完整、清晰，同一项目的填写应当前后一致。

第八条　申报资料中的外文应当译为规范的中文，文献资料可提供中文摘要，并将译文附在相应的外文资料前。

第九条　理化特性资料应当包括：

（一）基本信息：化学名、通用名、化学结构、分子式、分子质量、CAS号等。

（二）理化性质：熔点、沸点、分解温度、溶解性、生产或使用中可能分解或转化产生的产物、与食物成分可能发生相互作用情况等。

（三）如申报物质属于不可分离的混合物，则提供主要成分的上述资料。

第十条　技术必要性、用途及使用条件资料应当包括：

（一）技术必要性及用途资料：预期用途、使用范围、最大使用限量和达到功能所需要的最小量、使用技术效果。

（二）使用条件资料：使用时可能接触的食品种类（水性食品、油脂类食品、酸性食品、含乙醇食品等），与食品接触的时间和温度；可否重复使用；食品容器和包装材料接触食品的面积/容积比等。

第十一条　生产工艺资料应当包括：原辅料、工艺流程图以及文字说明，各环节的技术参数等。

第十二条　质量规格要求包括纯度、杂质成分、含量等，以及相应的检验方法、检验报告。

第十三条　毒理学安全性评估资料应当符合下列要求：

（一）申请食品相关产品新品种（食品用消毒剂、洗涤剂新原料除外）应当依据其迁移量提供相应的毒理学资料：

1. 迁移量小于等于0.01mg/kg的，应当提供结构活性分析资料以及其他安全性研究文献分析资料；

2. 迁移量为0.01～0.05mg/kg（含0.05mg/kg），应当提供三项致突变试验（Ames试验、骨髓细胞微核试验、体外哺乳动物细胞染色体畸变试验或体外哺乳动物细胞基因突变畸变试验）；

3. 迁移量为0.05～5.0mg/kg（含5.0mg/kg），应当提供三项致突变试验（Ames试验、骨髓细胞微核试验、体外哺乳动物细胞染色体畸变试验或体外哺乳动物细胞基因突变畸变试验）、大鼠90d经口亚慢性毒性试验资料；

4. 迁移量为5.0～60mg/kg，应当提供急性经口毒性、三项致突变试验

（Ames 试验、骨髓细胞微核试验、体外哺乳动物细胞染色体畸变试验或体外哺乳动物细胞基因突变畸变试验），大鼠 90d 经口亚慢性毒性，繁殖发育毒性（两代繁殖和致畸试验），慢性经口毒性和致癌试验资料；

5. 高分子聚合物（平均分子质量大于 1000）应当提供各单体的毒理学安全性评估资料。

（二）申请食品用洗涤剂和消毒剂新原料的，应当按照 GB/T 15193—2014《食品毒理学评价程序和方法》提供毒理学资料。

（三）毒理学试验资料原则上要求由各国（地区）符合良好实验室操作规范（GLP）实验室或国内有资质的检验机构出具。

第十四条　迁移量和/或残留量、估计膳食暴露量及其评估方法等资料应当包括：

（一）根据预期用途和使用条件，提供向食品或食品模拟物中迁移试验数据资料、迁移试验检测方法资料或试验报告；

（二）在食品容器和包装材料中转化或未转化的各组分的残留量数据、残留物检测方法资料或试验报告；

（三）人群估计膳食暴露量及其评估方法资料；

（四）试验报告应当由各国具有相应试验条件的实验室或国内有资质的检验机构出具。

第十五条　国内外允许使用情况的资料或证明文件为国家政府机构、行业协会或者国际组织允许使用的证明文件。

第十六条　出口国（地区）相关部门或者机构出具的允许该产品在本国（地区）生产或销售的证明文件应当符合下列要求：

（一）由出口国（地区）政府主管部门、行业协会出具。无法提供原件的，可提供复印件，复印件须由文件出具单位或我国驻出口国使（领）馆确认；

（二）载明产品名称、生产企业名称、出具单位名称及出具日期；

（三）有出具单位印章或法定代表人（授权人）签名；

（四）所载明的产品名称和生产企业名称应当与所申请的内容完全一致；

（五）一份证明文件载明多个产品的，在首个产品申报时已提供证明文件原件后，该证明文件中其他产品申报可提供复印件，并提交书面说明，指明证明文件原件所在的申报产品；

（六）证明文件为外文的，应当译为规范的中文，中文译文应当由中国公证机关公证。

第十七条　申报委托书应当符合下列要求：

（一）应当载明委托申报的产品名称、受委托单位名称、委托事项和委托日期，并加盖委托单位的公章或由法定代表人签名；

（二）一份申报委托书载明多个产品的，在首个产品申报时已提供证明文件原件后，该委托书中其他产品申报可提供复印件，并提交书面说明，指明委托书原件所在的申报产品；

（三）申报委托书应当经真实性公证；

（四）申报委托书如为外文，应当译成规范的中文，中文译文应当经中国公证机关公证。

第十八条 卫生部卫生监督中心接收申报资料后，应当当场或在 5 个工作日内作出是否受理的决定。对申报资料符合要求的，予以受理；对申报资料不齐全或不符合法定形式的，应当一次性书面告知申请人需要补正的全部内容。

第十九条 申请人应当按照技术审查意见，在 1 年内一次性提交完整补充资料原件 1 份，补充资料应当注明日期，逾期未提交的，视为终止申报。如因特殊原因延误的，应当提交书面申请。

第二十条 终止申报或者未获批准的，申请人可以申请退回已提交的出口国（地区）相关部门或机构出具的允许生产和销售的证明文件、对生产企业审查或者认证的证明材料、申报委托书（载明多个产品的证明文件原件除外），其他申报资料一律不予退还，由审评机构存档备查。

第四节　食品相关产品新品种行政许可申请表

受理编号：卫食相关申字（　　）第　　　号
受理日期：　　　年　　月　　日

食品相关产品新品种
行政许可申请表

产品中文名称：_____

中华人民共和国卫生部制

填 表 说 明

一、本申请表应当在卫生部卫生监督中心网站在线填写。

网址：http：//www. jdzx. net. cn

二、本表申报内容及所有申报资料均须打印。

三、本表申报内容应当完整、清楚，不得涂改。

四、填写此表前，请认真阅读有关法律法规及《食品相关产品新品种行政许可申报与受理规定》。

五、国内申请人可不填写英文名称，个人申请无须加盖公章。

产品名称	中文	
	英文	

产品类别	□ 尚未列入食品安全国家标准或者卫生部公告允许使用的食品包装材料、容器及其添加剂 □ 扩大使用范围或者使用量的食品包装材料、容器及其添加剂 □ 尚未列入食品用消毒剂、洗涤剂原料名单的新原料 □ 食品生产经营用工具、设备中直接接触食品的新材料、新添加剂		

申请人	名称	中文		
		英文		
	地址			
	联系人		联系电话、传真	

受委托申请人	名称		
	地址		
	联系人		联系电话、传真

保证书

　　本产品申请人保证：本申请表中所申报的内容和所附资料均真实、合法，复印件和原件一致，所附资料中的数据均为研究和检测该产品得到的数据。如有不实之处，我愿负相应法律责任，并承担由此造成的一切后果。

————————　　　　　　　————————

　申请人（单位公章）　　　　　法定代表人（签字）

　　　　　　　　　　　　　　　　　　　　年　月　日

所附资料（请在所提供资料前的□内打"√"）

□ 1. 申请表

□ 2. 理化特性

□ 3. 技术必要性、用途及使用条件

□ 4. 生产工艺

□ 5. 质量规格要求、检验方法及检验报告

□ 6. 毒理学安全性评估资料

□ 7. 迁移量和/或残留量、估计膳食暴露量及其评估方法（申请用于食品的包装材料、容器、工具、设备新材料和添加剂的需提供）

□ 8. 国内外允许使用情况的资料或证明文件

□ 9. 其他有助于评估的资料

□ 10. 使用范围、使用量等资料（申请用于食品的包装材料、容器、工具、设备用添加剂时需要提供）

□ 11. 申报委托书（委托申请时需要提供）

□ 12. 样品（必要时提供）

进口食品相关产品新品种还需提供如下材料：

□ 13. 出口国（地区）相关部门或者机构出具的允许该产品在本国（地区）生产或销售的证明文件

□ 14. 生产企业所在国（地区）有关机构或者组织出具的对生产企业审查或者认证的证明文件

申报资料的一般要求：

1. 提交申报资料原件 1 份、复印件 4 份、电子文件光盘 1 件；

2. 使用 A4 规格纸打印，逐页标明页码，使用明显的区分标志，按顺序并装订成册；

3. 申报资料原件应当逐页加盖申请单位公章或骑缝章；如为个人申请，申报资料应当逐页加盖申请人印章或签字，并提供身份证件复印件（官方证明文件除外）；

4. 申请资料应当完整、清晰，复印件与原件完全一致，同一项目的填写前后完全一致；

5. 申报资料中的外文应当译为规范的中文，文献资料可提供中文摘要，并将译文附在相应的外文资料前（成分名称、人名以及外国地址等除外）。

其他需要说明的问题：

第二章 ▎美国关于食品接触材料用物质
（FCS）的安全性评价

美国食品药品监督管理局（FDA）隶属于美国卫生教育福利部，负责全国食品、药品、生物制品、化妆品、兽药、医疗器械以及诊断用品等的管理。其中 FDA 的食品安全与营养应用中心负责食品接触材料的卫生管理。FDA 对食品接触材料用物质（Food Contact Substances，FCS）的定义：在食品生产、加工、运输过程中接触的物质以及盛放食品的容器，而这些物质本身并不对食品产生任何影响。

美国对 FCS 的监管以《联邦食品、药品和化妆品法案》（FDCA）为法律依据，由于食品接触材料中的某些物质出现于食品中，可能是由于这些物质向食品中的迁移，因此 FDCA 规定了 FCS 作为间接添加剂被纳入到食品添加剂的安全监管法规体系中。

美国以《美国联邦法规》（Code of Federal Regulations，CFR）为技术标准，通过《食品接触通告》（Food Contact Notification，FCN）公布新产品和相关要求，并且采用"阳性表"形式进行管理，该表所列产品和原料可以用于与食品直接接触或作为生产食品接触产品的原料。目前已制订 4000 多种允许与食品接触的物质，包括原材料、间接添加剂和成型品。《美国联邦法规》第 21 卷"食品和药品"中 174~178 部分是关于包括聚合物、黏合剂和涂层成分、纸和纸板成分、佐剂、生产助剂和消毒杀菌剂等食品接触材料及制品的详细规定。同时，FDA 为了进一步确保食品接触材料及制品的质量安全，颁布实施了食品接触材料及制品的良好生产规范。同时，美国国家标准协会及美国材料和实验协会等组织制定了系列的食品接触材料和制品的标准。

《美国联邦法规》第 21 卷第 171 部分规定了食品添加剂（包括 FCS）的评估要求，实践证明一种食品添加剂的评估及发布需要经历一个漫长且收集大量资源的过程。因此，针对食品接触材料，FDA 考虑到管理层面的成本（时间）/效益（安全性），提出了另外两个程序，即 FCN 和《法规豁免》（Threshold Regulation Exemptions，TOR）。根据美国 FDCA 的规定，还需要向 FDA 提供环境安全性的评价资料。

第一节 食品接触通告

《联邦食品、药品和化妆品法案》第 IV 章是关于食品的法规，具体内容见表 2－1，《联邦食品、药品和化妆品法案》第 409 条，即"348 条款－食品添加剂"的内容，是监管食品加工和食品接触材料安全的法案。1997 年，FDA 现代化法案（Modernization Act）修订了其内容，建立了一种新程序以审批和确认 FCS 预期用途的安全性，即食品接触通告程序（21 CFR 170. 100 - 106）。《联邦食品、药品和化妆品法案》中食品接触物质（FCS）的定义：任何用于生产、包装、运输和保存食品的材料中的物质成分，且该物质的预期目的并非对其所接触的食品产生任何技术影响。

表 2 － 1 　　　　　　　《联邦食品、药品和化妆品法案》第 IV 章

FD&C Act 第 IV 章 条目编号	标　题
401 条	341 条款－食品的定义和标准
402 条	342 条款－掺假食品
403 条	343 条款－误标食品
403A 条	343－1 条款－国家统一营养标签
403B 条	343－2 条款－膳食补充剂标签豁免条款
403C 条	343－3 条款－披露
	343 a 条款－废除
404 条	344 条款－紧急许可证管制
405 条	345 条款－制定豁免条款的条例
406 条	346 条款－食物中有毒或有害物质的限度
408 条	346 A 条款－农药残留的限度和豁免
	346 b 条款－批款授权
407 条	347 条款－有色人造黄油的州内销售
	347 a 条款－美国国会关于黄油销售政策的声明
	347 b 条款－违反州法律
409 条	348 条款－食品添加剂
410 条	349 条款－瓶装饮用水标准；在联邦登记册上公布
411 条	350 条款－维生素和矿物质

续表

FD&C Act 第 IV 章 条目编号	标　题
412 条	350 a 条款 – 婴儿营养配方
413 条	350 b 条款 – 新的食品添加剂
414 条	350 c 条款 – 记录的保存和检查
415 条	350 d 条款 – 食物设施注册
416 条	350 e 条款 – 卫生运输惯例
417 条	350 f 条款 – 应通报食品注册
418 条	350 g 条款 – 危险分析和基于风险的预防控制
419 条	350 h 条款 – 安全生产标准
420 条	350 i 条款 – 防止故意掺假
421 条	350 j 条款 – 针对国内设施、外国设施和入境口岸的检查资源
422 条	350 k 条款 – 食品安全分析实验室认证
423 条	350 l 条款 – 强制召回权
	350 l–1 条款 – 提交国会的年度报告

根据 FCN 程序，美国 FDA 发布了《关于 FCS 食品接触通告和食品添加剂申请的准备：化学建议》和《关于 FCS 食品接触通告的准备：毒理学建议》，给出了 FCS 安全性评估的具体要求，通过审查后的物质以通告的形式公布在 FDA 网站，只授权给通告中列出的生产商/供应商或通知人。

一、化学建议

化学建议的具体内容为 2007 年发布的《关于 FCS 食品接触通告和食品添加剂申请的准备：化学建议》。本指导意见由美国 FDA 食物安全及应用营养安全中心的食品添加剂安全办公室编写。该建议指南体现了美国 FDA 关于 FCS 上市申请时化学建议的最新思路。本指南不为任何人创造或赋予任何权利，不对美国 FDA 或公众有任何约束作用。

（一）说明

本建议包括美国 FDA 有关化学数据的相关建议：在 FCS 的食品接触通告（FCN）或食品添加剂申请（FAP）中，必须提交这些化学数据信息。本建议文件也是对 2002 年《关于 FCS 食品接触通告和食品添加剂申请的准备：化学建议》的更新。基于近年来的实践和经验，更新的文件将进一步帮助读者理解和阐明 2002 年的行业指南以及当前的实践。

FCS 作为一种食品添加剂，必须在 21 CFR 173－178 中规定其预期用途；或法规豁免（TOR，21 CFR 170.39①）的限制；或作为《联邦食品、药品和化妆品法案》第 409 条（h）款规定的有效通告的主题②。在食品接触通告，食品添加剂以及法规豁免申请中，必须包括充分的科学资料，以证明作为通告或申请主题的 FCS 在预期用途条件下的安全性③。由于所有食品添加剂的安全标准都是一样的，因此不管是通过食品接触通告还是食品添加剂或法规豁免，申请程序中所涵盖的数据和资料是相似的。法规豁免申请程序详见本章第二节部分，在此不再赘述。

《联邦食品、药品和化妆品法案》提出了对食品添加剂申请中数据的法定要求，以便确立每种食品添加剂的安全。这些要求包括以下内容：添加剂的特性；添加剂的使用条件；技术作用数据；添加剂的分析方法。

美国 FDA 的指南文件，包括本文，不承担任何具有法律效力的责任。相

---

① 21 CFR 170.39. 21 CFR 的 B 分节，供人类食用的食品，第 170 部分，食品添加剂的 B 部分：食品添加剂安全，170.39 款，食品接触材料用物质的管制阈值。

② 《联邦食品、药品和化妆品法案》第 409 条（a）（3）款：（3）如属本章所界定的食物添加剂（即食物接触材料用物质），则－（A）有效，该物质及该物质的使用符合根据本条发出的规例，订明可安全使用该添加剂的条件；或（B）根据（h）款呈交的有效通知。有关食物添加剂的规例，或根据第（h）（1）款就属食物接触材料用物质的食物添加剂发出的通知，均属有效，而并没有依据第（i）款撤销，根据本标题第 342（a）（1）条，食物不得因按照该规例或通知而携带或含有该食物添加剂，否则则视为掺假。

③ 《联邦食品、药品和化妆品法案》第 409 条（h）（1）款和第 409 条（b）款。

第 409 条（h）（1）款：（h）关于食物接触通告（1）除根据第（3）款颁布的规例另有规定外，食物接触材料用物质的制造商或供应商，至少在食物接触材料用物质引入或交付州际商业使用提前 120 天，将食物接触材料用物质的资料及拟使用情况，以及制造商的决定，告知秘书处。根据（C）（3）（A）款所描述的标准，该等食物接触物质的预期用途是安全的。通知应载有构成确定依据的资料和秘书处颁布的条例要求提交的所有资料。

第 409 条（b）款：（b）就安全使用条件的规定提出呈请；内容；生产方法和控制的描述；样本；规定通知（1）任何人可就食物添加剂的任何预定用途，向秘书处提交呈请书，建议发出规例，标明可安全使用该添加剂的条件。（2）除任何解释性或佐证资料外，申请书还需要－（A）与该食物添加剂有关的名称及所有有关资料，包括其化学特性及组成；（B）说明拟使用该添加剂的条件，包括建议使用该添加剂的用法说明、建议，并包括其拟议标记的样本；（C）与该添加剂的物理或其他技术影响有关的所有资料；（D）分析说明在食物内或食物表面，以及因使用该添加剂而在食物内或食物表面形成的任何物质的量的切实可行方法；及（E）关于就使用该添加剂的安全而进行的调查的全面报告，包括有关方法的全面资料。（3）应运输司的要求，申请人须提供（如呈请人并非该添加剂的制造商，则呈请人须要求该添加剂的制造商在不向申请人披露的情况下）提供关于生产该添加剂所使用的方法及所使用的设施及控制的完整描述。（4）应运输司的要求，申请人须提供所涉及的食物添加剂或用作该添加剂的成分的物品的样本，以及拟在该食物内或其上使用该添加剂的食物的样本。（5）申请人提出的规章通知，应当在秘书处立案后 30 日内以一般方式公布。

反，指南仅体现美国 FDA 目前对某一专题的最新观点，并应仅被看作是建议，除非特定法规或法定要求被参考。另外，本文中的"申请者"是指食品接触通告者或食品添加剂、法规豁免申请者。

（二）食品接触通告和食品添加剂申请的化学数据资料

根据下文中所描述的格式对化学数据资料进行清晰、简明的介绍，将有助于对提交的申请进行审阅。通告中，对附件一 FDA 3480 表格《关于 FCS 的新用途的通告》（Notification for New Use of a Food Contact Substance）对应部分的参考将以斜体字显示。

当某些用途导致摄入量等于或小于 0.5μg/kg 时，食品接触通告或食品添加剂的数据要求类似于 21 CFR 170.39（法规豁免）对于食品接触材料中所使用的物质的要求。更明确地说，其化学数据要求将类似于 21 CFR 170.39（c）（1）和（2）中所参考的要求。如 21 CFR 170.39（c）（1）中所示，提交时应包括一份对于该 FCS 的化学成分的描述。这其中应包括 FCS 上的特性信息，以及所有可能的杂质（即残余的原材料、催化剂、佐剂、生产助剂、副产品和分解产品）的特性和质量组成。当涉及具体的安全考虑事项时，可能需要更详细的信息。而提供其他制造信息可能是说明这种考量的最简单的方法。例如，制造信息将可能支持以下结论：由于制造过程中所遇到的高温，在生成的 FCS 中，不大可能会残留有挥发性的化学物质。同样的，通过与制造过程中所使用的溶剂类型有关的信息以及可能的杂质的溶解度数据，可证明以下结论：在生成的 FCS 中，不可能存在某种杂质。如同 21 CFR 170.39（c）（2）中所介绍的一样，提交时应包括关于该物质使用条件的详细信息。这其中应包括对物质技术作用/效果的说明。对于达到 21 CFR 170.39 法规阈值标准用途的物质，美国 FDA 一般不需要提供数据来证明其技术作用。

1. 特性

详见附录一：*FDA 表格3480 - 第Ⅱ部分，A 节~C 节*

特性信息用于对 FCS（食品接触通告或食品添加剂申请的主题）进行描述，并对在 FCS 的使用过程中可能迁移到食品中的物质进行识别。迁移物质不仅可以包括 FCS 本身，同时还包括 FCS 的降解产物和杂质。

用于鉴别 FCS 的信息应尽可能详细地说明其名称、成分和制造方法。这些项目包括：

（1）化学名称　可以使用化学文摘或国际纯粹化学与应用化学联合会（International Union of Pure and Applied Chemistry，IUPAC）的名称。

（2）通用名称或商品名称　这不应是识别的唯一途径。美国 FDA 不会保持编辑通用名称或商品名称。

（3）化学文摘社（CAS）的注册号（Registration Number）。[①]

（4）成分　在 FCS 成分的完整描述中，列出食品的潜在迁移物。这其中应包括单一化合物或混合物成品中每一成分的化学式、结构以及分子质量。对于聚合物，申请人应提交重均分子质量（Weighted average molecular weight，M_w）和数均分子量（Numerically average molecular weight，M_n）、分子质量分布以及用于确定这些数据的方法。如果难以取得分子质量，申请人应提供聚合物的其他属性；这些属性应为分子质量的应变量，例如固有黏度或相对黏度、熔体流动指数等。

此外，申请人应提供以下信息：

①制造过程的完整描述，包括净化程序以及所有合成步骤的化学方程式。

②列出制造过程中所使用的试剂、溶剂、催化剂、净化辅剂等的清单，以及所使用的量或浓度、规格、CAS 注册号。

③在 FCS 的制造过程中所出现的、已知的或可能的副反应的化学方程式，包括催化剂的降解反应。

④所有主要杂质的浓度（例如，残余的原材料，包括所有的反应物、溶剂和催化剂，此外，还包括副产品和降解产物），连同支持性的分析数据和计算过程。如果是聚合物，应包括残余单体的浓度。

⑤光谱数据描述了 FCS 的特性。在一些情况下，只需提供一个红外线（IR）光谱既可；但是在某些情况下，需提供更有用的信息，例如可见光、紫外吸收光谱或核磁共振（NMR）光谱。

无意公开披露的数据和信息应被确认和注明，例如商业秘密或机密。

（5）物理/化学规格　申请人应提交 FCS 的物理和化学规格（例如，熔点、杂质规格），以及可能影响迁移可能性的属性，例如在食品模拟物中的溶解度。如果 FCS 的体积是达到预期技术作用或与其毒性反应有关的重要因素，申请人应提供其体积的规格，体积的分布和型态，以及与体积相关的属性。如果是新的聚合物，申请人应提供玻璃化转变温度、密度和熔体流动指数的范围、以及形态学（例如，结晶度）和立体化学方面的信息。对于有规聚合物中的新佐剂，申请人应提交迁移试验中使用的聚合物的属性信息（例如，T_g）（更多的讨论，见"附录三第 2 部分"）。

（6）分析　如果 FCS 拟作为另一种有规材料（例如，有规聚合物的抗氧化剂）的成分，申请人应提供相应的分析方法，以确定该材料中 FCS 的浓度，并提交支持性的分析数据。

---

①　获得新化合物的 CAS 注册号及辅助术语的方式：写信给 Chemical Abstracts Service（CAS）Client Services（化学文摘社（CAS）客户服务部），2540 Olentangy River Road，P. O. Box 3343，Columbus，OH 43210；访问网站：http：//www.cas.org/。

2. 使用

详见附录一：*FDA 表格3480 - 第Ⅱ部分，D.1 节~D.2 节*

申请人应对有效通告中的一般使用限制以及类似的 FCS 的规则进行审查，并应包括与预期用途相关的，全部的限制使用数据。在获取 FCS 的摄入量估计值时，这些限制中的一部分可以作为假定值的基础。对于食品接触通告，可以通过确认信草稿的形式，在通告的用途部分列出任何适用的限制。对于食品添加剂申请，在适用法规草案用语中列出任何适用的限制。如果没有适当的限制，那么在估计摄入量值时，FDA 可能需要使用假定值。假定值的使用，可能导致某些 FCS 产生更保守的数值。

申请人应提供 FCS 的最高使用浓度，以及可能使用该 FCS 的食品接触物品的类型。"使用浓度"指的是一种 FCS 在食品接触物品（而不是食品）中的浓度。申请人应说明可能的用途范围，例如薄膜、模制物品、涂层等，并报告这些物品的每单位面积的预计最大厚度和/或质量。

申请人应说明 FCS 是将被用于一次使用的食品接触物品中，还是被用于多次使用的食品接触物品中。同时，对于在使用过程中将与 FCS 发生接触的食品，申请人应说明其类型（通过范例进行说明）以及食品接触的最高温度和时间条件[①]。附录六中给出了一些可供参考的食品分类以及各种使用条件。

申请人应该说明 FCS 在预计使用条件下的稳定性。

3. 预期技术作用

详见附录一：*FDA 表格3480 - 第Ⅱ部分，D.3 节*

申请人应提出相关的数据，证明 FCS 可以达到预期的技术作用，同时所推荐的使用浓度是达到该预期技术作用所需的最低浓度。"技术作用"指的是对食品接触物品（而非食品）的作用。抗氧化剂在防止某种聚合物氧化降解方面的作用就是一个范例。如果是一种新的聚合物，申请人应提出相关的数据，证明聚合物的特定属性使聚合物可以用于食品接触方面。如果技术作用与其体积相关，申请人应提供相关的数据，证明与其体积相关的特定属性可以用于食品接触方面。这些信息不需过于详细，但需包括在产品的技术公告中。

如果一种 FCS 的使用浓度具有自限性，那么申请人应提供支持性的文献或数据。

4. 迁移试验和分析方法

详见附录一：*FDA 表格3480 - 第Ⅱ部分，F 节*

申请人应提供足够的信息以满足对 FCS 每日膳食摄入浓度（即消费者日

---

① 影响食品接触材料用物质向食品中迁移因素包括：其化学结构、食品基质的特性、食品与其接触的物质的类型以及接触的温度和时间。在提交食品接触通告或食品添加剂申请之前，提交者可与美国食品药品管理局会面或通信，以讨论适当的迁移试验方案（见"附录二"）。

摄入量）进行估计的需要。美国 FDA 将根据 FCS 以及其他内在成分在食品或食品模拟物中的分析或估计浓度，来计算在日常膳食中的预期浓度。附录五对该项目进行了更为完整的讨论。

一种 FCS 在日常膳食中的浓度可以通过在食品或食品模拟物中分析出的浓度来确定，或使用与该 FCS 在食品接触物品中的配制或残余量相关的信息，以及按照 FCS 100%迁移到食品中的假定来进行估计。尽管美国 FDA 始终认可真实食品中 FCS 的可靠分析，然而在实际操作中，许多受试物是很难在真正的食品中进行测量。作为一个替代方案，申请人可以提交使用食品模拟物试验所获得的迁移数据；这些食品模拟物应能够再现该 FCS 向食品迁移的质和量。由于在使用的过程中，一种 FCS 可能接触到很多加工条件和保存期限均不相同的食品，因此，所提交的迁移数据应能够反应包括该 FCS 的食品接触物品所有可能面临的、最极端的温度/时间条件。

在进行迁移试验之前，申请人应仔细考虑该 FCS 的潜在用途。例如，如果准备在不超过室内温度的条件下进行使用，进行模拟高温食品接触的迁移试验是没有什么意义的。此类试验将导致 FCS 在食品模拟物中的浓度升高，进而需要更全面的毒理学数据以支持被夸大的膳食摄入量估计。在 FCS 的使用量非常低的情况下，可能完全不需要进行任何迁移试验，而只需假定 FCS 向食品 100%迁移即可。通过以下的范例，对该情况进行说明：

在纸的制作过程中，假设在成型操作之前，加入了一种佐剂。如果分析或计算显示：纸中的最终佐剂浓度不超过 1mg/kg，同时，制成的纸的基本质量为 50 磅/3000ft^2 或 50mg/in^2[①]，那么每单位面积纸的最大佐剂质量为 1×10^{-6}g 佐剂/g 纸 $\times$ 50mg/in^2 = 0.000050mg/in^2。假设所有的佐剂均迁移到食品中，并且 10 克的食品与 1 平方英寸的纸相接触（美国 FDA 的默认值），则食品中该 FCS 的最大浓度将为 5μg/kg。可以推测，由于计算出的食品浓度较低，相应地该 FCS 在实际膳食中的浓度也会较低。因此，尽管有些迁移试验可能使每日摄取量的估计值进一步降低，但此类迁移试验可能并没有必要。

食品中的浓度应以迁移试验或其他适用方法的结果为基础，以便尽可能如实地反映包含该 FCS 的食品接触物品的实际使用条件。一般来说，应避免通过假定向食品 100%迁移的方式来确定迁移值，以便尽可能地减小估算的保守性。

假如使用 100%的方式来计算聚合物中佐剂的迁移，申请人应提供聚合物厚度的数据。如果没有提供的厚度数据，将用假设的 10mil（0.01in）和单面面积来计算佐剂的迁移。

---

① 迁移值的常用单位为 mg/dm^2。但最好还是采用混合单位 mg/in^2，以方便换算食品浓度。如果 10g 食品接触 1in^2 的食品接触表面，则迁移量 0.010mg/in^2 对应的食品浓度为 1mg/kg。

（1）迁移试验的设计

详见附录一：*FDA 表格3480 - 第Ⅱ部分，F 节第一条*

①迁移测试槽：当准备将一种 FCS 在某特定类型的食品接触物品（例如饮料瓶）中使用时，可以在物品中充满食品模拟物，并进行试验。对于更普通的用途，或者当食品接触物品的表面积所提供的提取物不足以显示其特性时，应使用一个迁移测试槽，在该测试槽中，一个已知表面积的样品被一个已知体积的模拟剂萃取出。推荐使用斯奈德（Snyder）和布里德（Breder）[1]介绍过的双面迁移测试槽。该测试槽可能无法适用于所有情况，美国 FDA 建议在改良设计中包括两个基本特点，具体如下：

a. 已知表面积和厚度的聚合物薄板被惰性的隔离物（例如玻璃珠）所分隔开来，这样，模拟剂就可以自由地沿着每块薄板流动。来自薄板的迁移被看做是双面的。

b. 尽量减少顶部空间，同时保持不透气和不透液的密封。（如果该迁移物为非挥发性迁移物，那么最小顶部空间和气密性的重要性将降低。）

很重要的一点是，应轻微搅动该测试槽，以便尽量减少任何局部的溶解度限制。这种限制可能导致在食品模拟物中出现传质阻力。

如果遇到了不适合使用双面式的测试槽的情况，例如夹层结构，申请人可以参阅附录六，寻找使用其他类型测试槽的可能性。申请人也可以自行设计其他类型的测试槽。在进行迁移试验之前，美国 FDA 愿意对此类设计作出评论。

②试验样本

需要注意的方面：

a. 配制剂：在配制迁移试验的试样时，申请人应使用 FCS 的最高假设使用浓度。申请人应提供相应的信息，以便说明在试验中所使用的树脂样品的特性；这些信息包括可能存在的其他成分的浓度和特性、树脂的化学组合成分（需要时，应包括各种共聚单体的含量）、分子量范围、密度和熔体流动指数。如果制剂被塑化，那么应使用塑化程度最高的制剂进行试验。

b. 试样厚度和表面积：申请人应同时报告试验薄板的厚度和试验样本的总表面积。如果该薄板是通过浸没的方式进行试验的，同时薄板的厚度足以确保在试验的过程中，其中心处的初始 FCS 浓度不会随着迁移（两面均会发生）而改变，那么两面的表面积均可用于计算迁移（单位为 mg/in^2）。

如果样本薄板的厚度等于或大于 0.05 cm，同时在试验结束时，不超过 25% 的 FCS 发生了迁移，那么迁移可以被看作是双面独立进行的。如果没有达到这些条件，进行计算时应只用单面的表面积。同时，应考虑对薄膜厚度进行限制。

与渗透度相比，来自纸张的迁移更取决于溶解度。从而，在迁移实验中使用的纸样本，不管其厚度如何，都将考虑为单面的面积。

c. 聚合物属性：如果该 FCS 是一种聚合物佐剂，那么申请人应使用平均相对分子质量最小的聚合物进行迁移试验；试验应按照 21 CFR 177 中所设置的规范进行（更进一步的讨论，详见"附录三，第二部分"）。如果该 FCS 是一种新的聚合物，那么在试验中应使用能获得最高萃取物的聚合物。也就是说，使用平均相对分子质量、结晶度百分比和交联度最低的聚合物。

③食品模拟物

如表 2-2 所示为开展迁移测试时，CFR 推荐采用的食品模拟物，根据食品接触材料接触的食品的类型，选择相对的食品模拟物。其他讨论详见附录二。

表 2-2　　　　　　　　　　　　CFR 推荐的食品模拟物

21 CFR 176.170（c）表 1 中定义的食品类型	推荐的食品模拟物
含水食品和酸性食品（食品类型 I 、II 、IV B、VI B 和VII B）	10% 乙醇①
低酒精浓度和高酒精浓度食品（食品类型 VI A、VI C）	10% 或 50% 乙醇②
多脂食品（食品类型 III 、IV A、V 、VII A、IX）	食用油（例如玉米油）、HB307，Miglyol 812 以及其他③

注：① 例外的情况，见正文。

② 实际的乙醇浓度可以更换（见正文及"附录三"）。

③ HB307 是人工合成三酸甘油酯的一种混合物，主要为 C_{10}、C_{12} 和 C_{14}；Miglyol 812 取自椰子油（见正文以及"附录二"）。

当食品酸性预计将会导致比 10% 乙醇（体积分数）高得多的迁移水平时，或当聚合物或佐剂对酸性敏感时、或当在乙醇溶液中出现酯交换时，萃取应在水中和 3% 乙酸中分别进行，从而替换 10% 乙醇（体积分数)①。

10% 乙醇（体积分数）的酒精浓度为中等，介于葡萄酒和啤酒之间。向葡萄酒和啤酒的迁移值预计与 10% 乙醇（体积分数）相差不大。因此，使用 10% 乙醇（体积分数）所取得的试验结果一般也可以用于评估酒精类饮料（最高含量为 15% 乙醇（体积分数））相接触的材料用物质的膳食摄入值和支持规范的申请。

---

① 美国 FDA 过去曾建议将 8% 乙醇作为含水食品模拟物。当乙醇浓度从 8% 增加到 10% 时，它对佐剂/聚合物系统所进行的迁移实验产生的影响很小。此项改变同时让美国 FDA 的迁移方案与其他国家的更加协调。参见"附录四"结尾有关美国 FDA 食品模拟物使用发展的参考列表。

使用不饱和食用油（如玉米油和橄榄油），有时难以进行准确的迁移分析。因为这些油类容易被氧化，尤其是在高温条件下。Miglyol 812[①] 是一种精馏椰子油，其沸点范围为 240～270℃，由饱和 C_8（50%～65%）和 C_{10}（30%～45%）三酸甘油酯组成。在进行迁移试验时，它是一种可以接受的多脂食品模拟物。HB 307[②] 是人工合成三酸甘油酯的一种混合物，主要为 C_{10}、C_{12} 和 C_{14}，同样可以用作多脂食品模拟物。

在一些情况下，在实际操作过程中难以对一种食用油中的某种迁移物进行分析；此时必须使用一种简单的溶剂。目前，似乎不存在一种溶剂可用于所有的聚合物，并且有效地模拟一种食用油。"附录二"中列示了多种聚合物及其推荐对其所相适应的多脂食品模拟物。对于其他的聚合物，申请人在进行迁移试验之前，应向美国 FDA 就使用适当的多脂食品模拟物进行咨询。

试验中，所用模拟物的容量或体积应能尽量真实地反映在实际的食品包装中可能出现的体积对样品表面积的比值。可以接受的比值为 $10mL/in^2$。如果迁移水平不接近浓度所反映出的分配比例（如 FCS 在食品模拟物中的溶解度），那么其他的比值也是可以接受的。如在溶液中 FCS 出现沉淀或出现浑浊溶液，则说明溶解已经达到极限。此体积－表面积比值应写入试验报告。

④试验的温度和时间：申请人在进行试验中，所采用的温度和时间条件应为预期使用条件下可能遇到的最极端的温度和时间条件。如果在使用时，预计 FCS 将会在比室温更高的条件下与食品接触，此时应在最高使用温度条件下进行试验，试验的时间应为最长的预期时间。很多时候，在高温的情况下与食品发生短时间的接触，然后被长时间储存在室内温度条件下。在这些情况下，美国 FDA 建议进行短期加速迁移试验；该试验用于模拟在整个食品接触时间内可能出现的 FCS 迁移。"附录三"中提供了针对一些情况下所推荐的各种试验方案；然而，根据不同的食品接触情况，还可能需要设计专门的试验方案。

对于在室温条件下的应用，推荐试验温度为 40℃，为期 10d。该加速试验方案是建立在相关的试验结果上；这些试验显示试验中所得的迁移值大致等同于 20℃条件下长期储存（6 至 12 个月）后所获得的迁移值[③]。

对于冷却食品或冰冻食品，推荐使用的试验温度为 20℃。

---

① Miglyol 812 是 SASOL，GMbH 公司（Witten，Germany）的一种产品。

② HB307 可从 NATEC 获取，地址：Behringstrasse 154，Postfach 501568，2000 Hamburg 50，Germany（德国）。

③ 先前的试验方案（1995 年以前）建议试验温度为 49℃，为期 10 天。但是，美国 FDA 最近的研究表明迁移水平在 49℃和 40℃（104℉）时没有区别。而且，迁移水平处于 49℃和 40℃之间对前两个时间要求增加温度（例如，100℃或 121℃）的迁移实验来说甚至没有影响。在 10d 期间所观测到的总迁移量的 80%通常是在温度增加的这两个 h 内完成的。因此，对于以下情况下，40℃是可以接受的：室温下的迁移试验；高温情况（旨在反映长期常温储存）的部分迁移试验。

一些聚合物，例如聚烯烃，在与食品一起使用时，使用温度高于其玻璃化转变温度（即，该聚合物处于橡胶态状态下）。对于这些聚合物，其最高迁移值（一般情况下为10d值，但也有例外）一般被美国FDA用于计算食品中的迁移物的浓度。

然而，另一些聚合物，例如聚对苯二甲酸乙二醇酯（PET）和聚苯乙烯（PS），在与食品一起使用时，使用温度在其玻璃化转变温度（即，该聚合物处于玻璃态状态下）以下。在一个固定温度下，迁移物在一个处于玻璃态状态下的聚合物中的扩散率低于该聚合物处于橡胶态状态下的扩散率。因为这个原因，在40℃，10d的加速试验中，可能低估其在整个食品接触过程中可能出现的迁移。因此，在40℃，10d条件下所获取的迁移数据应按照30d的条件进行外推，以便使结果更接近环境温度、长时间储存后所预计的迁移值。申请人可以将试验时间更改为30d，以避免在外推过程中可能出现的不确定性。如果提供的数据可以证明：对于某一种既定的佐剂－聚合物混合物，应采用不同的外推时间，那么应使用该数据对膳食摄入量进行估计。

对于一些已知限定条件的使用，如已知最高存放期限和食品接触温度，则鼓励申请人进行迁移试验，以便了解在接近预期使用条件的温度条件下的最高存放期限。在进行此类试验之前，申请人可以咨询美国FDA。

美国FDA建议在每一项迁移试验中，应对试验溶液的一部分进行分析，至少需要四次时间间隔。对于10d试验而言，推荐的取样时间为第2h、24h、96h和240h。美国FDA建议使用与试验物品所使用的试验测试槽相同的测试槽进行空白或质量控制分析。

⑤最终试验（符合性试验）：应指出的重要一点是，对于一个新的FCS，适当的迁移试验条件并非为21 CFR 175.300①、21 CFR 176.170②或21 CFR中的其他小节③中所介绍的条件。这些"最终试验"或"符合性试验"主要是针对质量控制的试验方法；这些试验方法用于验证一种产品是否等同于作为审批基准的材料。最终试验与用于估计一种新的FCS膳食摄入量的迁移试验之间没有关联。

---

① 21 CFR 175.300是美国FDA对食品级涂层（树脂和聚合物）的要求，根据涂层的使用条件和食品类型分类，分别给出了食品模拟液和测试条件，包括去离子水浸取法、8%酒精浸取法、正庚烷浸取法。

② 21 CFR 176.170是美国FDA对纸和纸板接触水和脂肪食品的要求，测试方法包括氯仿可溶萃取物（去离子水浸取法）、氯仿可溶萃取物（8%酒精浸取法）、氯仿可溶萃取物（50%酒精浸取法）、氯仿可溶萃取物（正庚烷浸取法）。

③ 不同食品接触材料均有根据各自特点而规定的测试要求，如21 CFR178.3800木材要求；21CFR 177.1210食品容器的密封圈，密封衬垫要求，如硅橡胶圈；21 CFR 177.1680聚亚氨树脂（PU）要求；等等。

（2）试验溶液的特征及数据报告　申请人应进行三次迁移试验，并对迁移物试验溶液进行分析。

对于聚合物的申请，申请人应测定不挥发萃取物（TNEs）的数量和性质。不挥发萃取物通常用质量法测定。萃取物可包括单体、低聚物、佐剂和催化剂残渣，其性质应通过适当的化学或物理试验法测定，例如核磁共振（NMR）波谱法、紫外（UV）－可见光吸收光谱法、原子吸收光谱法（AAS）、质谱分析（MS）以及气液色谱法（GC 或 LC）。定量极限（LOQ）和所用方式的选择原则应在申请中指出。如果没有办法定量单个迁移物，申请人应该通过溶剂分馏确定在有机组分和无机组分之间萃取物的分配（也就是可溶解于氯仿或其他溶剂的不挥发萃取物残渣部分[①]）。这是在确定摄入量风险评估时的第一步——识别应做风险评估的迁移物（如有机组分）。这些情况下，美国 FDA 通常会评估因使用 FCS 带来的不挥发萃取物的膳食摄入量风险，并假设不挥发萃取物（或可溶于溶剂的不挥发萃取物）仅由化学等价的低分子质量低聚物组成。由于毒理学试验要求由摄入量估计值决定，因此对非化学等价不挥发萃取物成分进行定量测定对申请人是有利的（如区分低分子质量低聚物与聚合物佐剂）。

申请中的聚合物试验溶液也要针对组成的单体进行分析。或者，可以根据聚合物中已知残留单体的水平，使用聚合物的密度、食品接触物品的最大预期厚度，通过假定所有的残留单体迁移物都进入了食品，并假定每 10g 食品接触 $1in^2$ 的 FCS，来计算单体的摄入浓度。

如果是聚合物佐剂的申请，那么一般只针对佐剂对试验溶液进行分析。但有时，如果佐剂中杂质和分解产物有毒且量大，并且预期会成为日常膳食的组成部分，对试验溶液中佐剂中的杂质和分解产物应进行适宜的定量测定。最常见的例子是佐剂中存在着致癌物杂质。

当迁移后的 FCS 展现了其在食品接触物品或试验溶液中的预期技术作用时，对试验溶液中的分解产物应进行相应的定量测定。聚烯烃新抗氧化剂的使用就是一个例子。从属性上来说，在含有该物质的树脂或食品接触物品的热处理过程中，聚合物内的抗氧化剂会被部分分解。通常当 FCS 迁移到食品或食品模拟物（其间多脂食品模拟物的温度也许达到 120℃）后，分解作用仍会发生。食品模拟物中的分解数据，可以在迁移试验过程中，借助 FCS 稳

①　对某些聚合物/迁移物来将，氯仿未必是一个良好的溶剂。这是因为，聚合物/迁移物和氯仿之间的溶解度可能存在着相当大的差异。如果萃取物和溶剂之间的希尔德布兰德溶解度参数差额超过 ± 3（SI），申请人或可使用另一种能够有效地溶解萃取物的溶剂，或提出该萃取物可溶于所选溶剂的证明。针对聚合物/溶剂体系的希尔德布兰德的溶解度参数，可以参考 J. Brandrup, Edmund H. Immergut 等所著的《聚合物手册》第 4 版，由 John Wiley & Sons 出版社出版。

定性的试验获得。

申请人应报告每 1in² 表面积所萃取的物质 1mg 量结果。虽然迁移物量通常用 mg/dm² 表示。但是为了便于换算成食品浓度，多使用混合单位 mg/in²。如果 10g 食品与 1in² 的食品接触物品表面接触，那么 0.01mg/in² 的迁移物浓度相当于 1mg/kg 的食品中的浓度。如果在特别食品接触应用中，采用假定的每 1in² 10g 食品的比例不合适（比如在加热托盘和微波热感双重运用中），申请人应使用实际食品接触时的最小比例，并提供选用该比例的依据。

（3）分析方法　申请人应针对每种方法提交如下内容：

①方法描述：该描述应包括对方法的准确性、精确性、选择性、定量限（LOQ）以及检测限（LOD）的全部讨论[①]。申请人应提供充分详细的描述，以便有经验的分析化学家可以遵照进行。如果有参考文献，在申请中应附上一份副本。

②标准曲线：标准曲线或校正曲线是通过分析配制好的溶液得出的。该溶液在试验过程中，为了获得高于和低于试验溶液中迁移物浓度的浓度，添加了一定已知量的分析物。配制好的溶液可以是纯溶剂，某种离子强度已知的溶液等。获得标准曲线的数据点应覆盖试验溶液中迁移物的浓度。根据 10mg/kg、15mg/kg、20mg/kg 浓度获得的标准曲线图而确定的 1mg/kg 的分析物浓度是不能接受的。相关系数和 Y 轴截距及曲线斜率的标准误差应与标准曲线图一并提交。

③色谱或光谱分析例子：申请人应该限定样品色谱和光谱分析范围，明确识别和标注所有重要的峰值，避免在解释过程中产生歧义。

④计算范例：申请人需提交样品计算，从而把仪器测定的数据与报告的数据联系起来（多用 1in² 样品表面积的迁移物毫克量表示）。样品数据应包括样品的体积，浓度、稀释比例以及仪器测量数据（如峰区面积及测量反应灵敏度）。现代数据库常常应用内定的标准量来计算这些数据。仪器测量数据应来自于内定数据库。根据参考指南中的要求，提供适当的数据以及分析处理中所用仪器和软件的资料。这些样品及资料能让评测人员以报告的方式做出一个快速的内部检测。

---

① 检测限（LOD）是利用分析方法可以在空白（或者控制）以上进行可靠检测的分析物的最低浓度。最好的做法是，通过分析 5 个空白样品来确定检测限。测量空白信号（即：空白样本的分析物响应或接近实际或预期分析物峰值的基线宽度），然后计算该空白信号的平均值和标准偏差。对应的检测限位于平均空白信号值的 3 个标准偏差数处。检测限的空白信号通常是由接近实际或预期分析物信号基线上所测得的峰-峰噪声值确定的。参见美国试验与材料协会（ASTM）：E 1303-95 或美国试验与材料协会 E 1511-95。

分析物的定量范围应明显高于检测限（LOD）。定量限（LOQ）的相应信号位于平均空白信号值的 10 个标准偏差数处。参见（Currie，1968）和（Keith.，et al，1980）。

⑤分析方法验证：申请人需妥善地验证所有的分析方法。使用方法意图的验证、准确性与精确性的测定通常包括：用已知数量分析物强化的基体的重复分析，分析物的浓度与迁移试验过程遇到的浓度类似；强化分析物的回收百分比的测定。在以聚合物佐剂为研究对象的情形下，无佐剂配制的聚合物试验溶液可作为一个基体，用于强化和回收性测量。回收量被认为是测定分析物在添加强化剂与未添加强化剂基体中的差异量。回收率是回收量除以添加浓度后再乘以 100 求得的。也就是说，如果"a"代表的是在未添加强化剂的溶液中测出的浓度，"b"代表的是在添加强化剂的溶液中测出的浓度，"c"代表添加浓度，那么回收百分率计算公式则为：（b－a）/c×100。

如果是迁移试验溶液中要添加强化剂，那么强化剂的添加必须在分析整理工作前，但应在规定试验时间后，如 240h。强化剂必须要添加在实际试验溶液中，而不是添加在纯食品模拟物中。在纯食品模拟物中而不是在试验食品模拟物中添加强化剂，是某种分析法有效性试验阶段中最常见的缺陷。

另外，应该提供被测物质在迁移试验溶剂中稳定性的数据，见表格 3480（附录一）

申请人应运用 3 组试验样品（每组 3 个样品）进行强化和回收试验，分别在每组样品中添加不同浓度的强化剂。强化剂的浓度分别是食品模拟物中测得的分析物浓度的 0.5 倍、1 倍和 2 倍。在 FCS 没有被检测到的情况下，申请人应确定试验的检测限（LOD）。对于可以定量的分析物浓度，可接受的回收量应遵从的标准见表 2－3。

表 2－3　　　　　建议的标准方法的回收率范围和标准偏差

食品或食品模拟物中的分析物浓度[①]	可以接受的回收率平均值	可以接受的相关标准偏差
<0.1mg/kg	60%～110%	<20%
>0.1mg/kg	80%～110%	<10%

注：① 如果将从 $1in^2$ 的包装材料上萃取的 0.001mg 的物质加入到 10g 食品或食品模拟物中，那么食品中估计的浓度为 0.1mg/kg。

在评估分析法的精确度的时候，如果可行的话，个别样品分析结果的差异性可以通过对相似成分（三样品的混合物）进行三重分析法来消除。

根据具体的分析情况，也可采用其他适当的确认程序。比如，用两种不同的分析法对相同的试验溶液进行分析应该是一种可以接受的确认方式。同样，在某些情况下，标准加入法也是可以接受的。比如利用原子吸收光谱分析（AAS）进行金属分析。这种情况下，除了未加强化剂的浓度，至少还应有其他两种在基体中添加了不同浓度强化剂的溶液，并通过计算最小二乘方相关系数来验证标准加入曲线的线性（r>0.995）。

对添加强化剂的样品与空白样品做出验证分析后，申请人需提交具有代表性的光谱或色谱分析图。空白样品的光谱或色谱图可以帮助对无干扰情况做出确认。阐释例证见附录四。

（4）迁移数据库　如果在特定温度下，某个迁移物/聚合物/食品模拟物系统的迁移数据表示一个可预测的迁移－时间关系。例如可以用菲克（Fick）扩散定律来预测在其他温度条件下的迁移。由于这类的试验很难进行这样可能会减少对于某些新应用场合（例如高温条件下的应用）的迁移试验。

比如，在40℃条件下维持10 d（240 h）所获得的迁移数据显示了菲克扩散行为。结合此迁移数据以及其他温度条件下（如60℃和80℃）获得的迁移数据，就能够利用阿伦尼乌斯曲线（Arrhenius）图推测出蒸馏条件下（121℃/2h和40℃/238h）的迁移运动。前提是在30～130℃的温度下，聚合物的形态不会出现明显变化（如出现玻璃转化或聚合物熔化）。在121℃条件下，每个迁移物、聚合物、食品模拟物的明显扩散系数 D 可以通过 ln D 对（vs）1/T（K）图获得。这样在121℃的条件下，2h 内的迁移值就可以估算出来。再与40℃条件下，238h 后的迁移值加在一起，即可以得到在蒸馏和室温存储条件下总的迁移值。聚合物样品的密度和厚度以及聚合物中迁移物的初始浓度在计算过程中都是必要的。

美国 FDA 的迁移数据库可作为迁移数据的一个资源库，包括扩散系数及相关聚合物、添加剂的性质。美国 FDA 不断地从各种途径增编，完善迁移数据，以便将它们用于估算 FCS 的迁移值。可靠的迁移数据，例如那些符合菲克扩散定律，并提交作为上市前食品接触通告的支持性数据，将被加入到数据库中去。此外，只有在特定的温度条件下，经三次或更多次的时间间隔测定所得到的迁移浓度数据才会被纳入迁移数据库。申请人可以以书信的形式将适合纳入到迁移数据库的数据作为通告、申请或食品添加剂主文件档案的一部分进行提交。食品及药品管理局迁移数据库的资料可通过食品添加剂安全办公室，食品接触通告部门（DFCN）获得。

（5）迁移模拟　如上讨论所示，食品中的迁移水平通常是基于在预期使用条件下或在假定所有的 FCS 都迁移到食品中的情况下，经分析迁移试验结果而估算出来的。这两种情况在大多数情况下都适合。

第三种可选择的方法与迁移模拟有关。根据选定的试验数据得出的特定迁移物、聚合物、食品模拟物的简单模拟迁移方法在前面的"迁移数据库"已经讨论过。如果采用该方法，无论原始数据是来自美国 FDA 数据库或公开发表的文献资料，任何在迁移模拟中使用到的原始材料的常数都要正确参考。

最近发展起来一些非纯经验方法。该方法在有限或有时无任何迁移数据的情况下来测定迁移浓度[2,3]。这类扩散模拟取决于扩散系数的估算。扩散系数是在迁移物性质和聚合物物理性质的基础上估算的。在条件有限的情况下，这也许有助于对实验数据的替代或补充。在该扩散模拟应用中，应考虑几个注意事项：首先，聚合物中的迁移物分布应该是均质的。无论是有意的或无意的不均匀分布都会导致非菲克式的迁移。其次，迁移的其他影响因素，如迁移物的分配，质量传递，聚合物形态，迁移物的形状、极性以及聚合物的塑化在该模拟中都没有被考虑。然而，在使用模拟技术预估食品中迁移水平的过程中，应该仔细考虑这些因素。

5. 消费者摄入量详见附录一：FDA 表格 3480 第 Ⅱ 部分，第 G 节。

利用"（二）4 迁移试验和分析方法"部分所列程序计算出的迁移数据，目的在于为因预期 FCS 的使用导致的最高迁移水平提供估算。在综合考虑迁移数据和可能含有 FCS 的食品接触物品使用信息后（也就是人们膳食中与可能含有 FCS 的食品接触物品的接触后的组分），美国 FDA 会对可能存在的膳食摄入量做出评估。

假定每人每天食品总摄入量为 3 公斤 ［kg/（人·d），固体和液体］，根据给定的日常膳食中 FCS 的浓度，就可以估算出含有该浓度产品中 FCS 的估计日摄入量。日常膳食中 1ppm 浓度相当于估计日摄入量为 1mg FCS/kg 食品 × 3kg 食品/（人·d），即 3 mg FCS/（人·d）。

美国 FDA 在评估 FCS 的安全性过程中会用到日常膳食浓度和申请中接触物的估计日摄入量以及所有的累计估计日摄入量（包括正常规范使用（FAP），有效的 FCN 和 TOR）。FCS 的累计估计日摄入量用来确定毒性实验的类型，这种试验对在提议的使用环境下确保使用安全性是必要的。所建议的各种层次的毒性试验取决于累计估计日摄入量，它包括所有推荐和容许使用的 FCS。例如，已规范的使用，先前已审批的食品接触通告的使用以及本食品接触通告中接触物的使用。所建议的各种层次的毒性试验在题为"关于 FCS 食品接触通告的准备：毒理学建议（Preparation of Food Contact Notifications for Food Contact Substances：Toxicology Recommendations）的文件中进行了详细地描述。（http：//www. fda. gov/FoodGuidances. ）。

鉴定大多数一次性用途的 FCS 的方法如下，对于重复使用的接触物和食品加工设备使用的接触物，膳食摄入风险评估将会对食品接触物品使用寿命时间内，摄入的食品总量进行考虑。

（1）摄入量的计算

①消耗因子：消耗因子指的是接触某种特定包装材料的食品质量与所有包装内的食品质量的比值。包装类别（如金属、玻璃、聚合物和纸）及特定食品接触聚合物的消耗因子值详见附录五的表 1。这些因素值是经过分析食品种类的消耗信息，接触包装表面的食品种类信息，每种食品包装类别下食品

包装单位的数量信息、容器尺寸分布信息以及被包装食品的质量与包装质量的比值信息后得出的。每当接收到新的信息时，这些因素值可能要作修改。

当美国 FDA 计算 FCS 的膳食摄入量时，通常会假定 FCS 会占据整个目标市场。这种假设反映出可能的市场占有率的不确定性以及调查数据的局限性。因此如果一个公司要求在聚苯乙烯中使用抗氧化剂，也就假定所有生产的食品接触用聚苯乙烯中都使用了同一种抗氧化剂。在某些情况下，如果佐剂只打算在某一部分包装或树脂类物品中使用，那么就要采用代表受调查覆盖率较低的消耗因子值。例如，如果只打算在刚性或半刚性聚氯乙烯中使用稳定剂，那么在评估摄入量时，消耗因子值应该是 0.05 而不是 0.1。这是因为只有 50% 的食品接触性聚氯乙烯才含有稳定剂。另一个例子是聚苯乙烯区分为耐冲击和非耐冲击性包装类别（详见附录五中表 1）。为了减少评估的保守性，美国 FDA 鼓励申请人提交详细的关于可能会使用通告中 FCS 的树脂或包装材料的市场信息。

可使用预估最高年产量，估算出消耗因子。如果使用这个消耗因子来计算摄入量，FCS 的摄入量则将局限于或低于预估的最高年产量。如果新的预估最高年产量超过目前预估的最高年产量，则需要申请人从新估算消费者的摄入量。

当引入新产品时，新产品最初只作为现有技术的替代产品。如前所述，美国 FDA 通常在假定新产品会占据整个市场前提下，做出新产品的膳食摄入风险评估。例如，蒸煮袋最初作为有涂层金属罐的替代产品，其消耗因子值确定为 0.17。当蒸煮袋实际应用信息不断增加后，消耗因子值就被降低到了 0.0004。某些情况下，树脂或包装材料市场数据的提交可能有助于降低消耗因子值。

②食品类分配因数：在使用迁移水平与消耗因子值去获得可能消费量评估数据之前，必须知道与含有 FCS 的食品接触物品所接触食品的性质。比如，如果在与水质食品接触物品中大量使用 FCS，那么在评估可能的膳食摄入风险时，高脂肪食品模拟物中的迁移就没有多少用途。为了解释每种食品接触物品所接触食品的各种性质，美国 FDA 已计算出每种包装材料的"食品类分配因数"，反映出与每种水、酸、酒精和脂肪接触材料接触的所有食品的比例。常见包装材料类型及聚合物类型的食品类分布因数值 f_T 详见附录五中表 2。

③日常膳食浓度及估计日摄入量（EDI）：美国 FDA 用以下办法，来计算日常膳食中 FCS 的浓度。与食品接触物品接触的食品中 FCS 的浓度 M：恰当的食品类分布因数值 f_T 乘以迁移水平值 M_i。对于食品模拟物来说，M_i 代表四种食品类型。根据每种类型食品实际接触食品接触物品的比例，可对每种食

品模拟物有效地确定出迁移浓度值。

$$M = f_{水和酸}（M_{10\% 乙醇}）+ f_{酒精}（M_{50\% 乙醇}）+ f_{脂肪}（M_{脂肪}）$$

其中 $M_{脂肪}$ 指食物油或其他高脂肪食品模拟物的迁移浓度值。

用 M 乘以消耗因子（CF）求得膳食中 FCS 的浓度，然后用膳食浓度乘以每人每天消耗的食品总量求得估计日摄入量。美国 FDA 假设每人每天消耗 3kg 食品（固体和液体食品）。估计日摄入量（EDI）＝3kg 食品/人·d ×M×CF

④累计摄入量（累计估计日摄入量或 CEDI）：如果《美国联邦法规》21 章 170～199 标准已经规定了该 FCS 其他用途的使用或在法规阈值（联邦法规 21 章 170. 39 标准）内属于免检的接触物或是其他有效食品接触通告中的接触物，申请人应评估，在请求和批准使用条件下 FCS 的累计摄入量。FCS 的相关法规信息可登录中国政府印刷局网站 http：//www. gpoaccess. gov/cfr/index. html，搜索美国联邦法规集，查阅联邦法规 21 章 170～199 获得，或直接与美国 FDA 取得联系。有效的食品接触通告信息以及免检的 FCS 法规阈值的豁免规定可从美国 FDA 的网站或与该局联系直接取得。同时，美国 FDA 在局网站（http：//www. fda. gov/Food/default. htm）上还有关于 FCS 的累计估计日摄入量数据库。

（2）摄入量的细化评估　总的来说，摄入量可以利用上述所示方法进行评估。利用在申请中提供的附加信息，可以进行更为精细的摄入量细化评估。例如对包装材料或树脂类型的进一步细分，可降低某些类型的消耗因子值，从而可以降低计算得到的摄入量。聚氯乙烯分为刚性和塑性两类，聚苯乙烯分为耐冲击和非耐冲击性两类，就是两个很好的例子。再举一个例子，将用于纸制品涂层的聚合物涂料进而细分为聚乙酸乙烯酯涂料，苯乙烯－丁二烯涂料等。如果只在纸制品的苯乙烯－丁二烯涂料中单独使用 FCS，而使用聚合物涂层纸的消耗因子值（0.2，见附录五中表 1）去计算摄入量，其结果就会有很大的夸大。如上所述，美国 FDA 鼓励提交使用包括 FCS 产品的预期市场信息，从而可以将市场占有率进一步细化。

有些情况下，包装物的属性要求提供更详尽的信息，或当申请人认为如果简单地选择附录五中提供的消耗因子（CF）和食品类分配因数值 f_T 会过高估计摄入量，为了便于计算可能含有 FCS 材料的消耗因子和食品类分配因数 f_T 值，就需要提交以下类型的数据。

食品与利用以下数据决定使用的包装材料的摄入总量估计：

a. 包装材料单位数据（单位的数量及单位的尺寸分配），或

b. 所生产的，需接触食品的包装材料总质量，容器尺寸分配以及包装食品质量与包装质量的比值。

c. 可能与食品接触物品接触的食品的特性，并附上支持（说明）文件，

以及可能的食品类分配因数值 f_T 。

　　d. 能解释仅部分包装材料或树脂类型的包装物会被申请所影响的信息。

　　e. 能影响被接触的食品种类或部分可能被接触的食品的技术限制办法。

　　6. 参考资料格式

　　所有在 FCS 食品接触通告和食品添加剂申请中参考的发表或未发表的研究报告和资料应注明所参考报告和资料的作者和出版年份。每一个出版发表的参考文献应包括所有作者的姓名、出版年份、完整的文章标题、参考页码以及杂志或出版商名。如是参考书，应包括书名、版本、编辑或作者的姓名及出版商名。如是未发表的参考资料，应提供所有作者姓名，研究项目的赞助人，进行研究的实验室，最后报告的日期和名称，报告的识别号码，以及所参考内容的页码。如是政府文献，则应包括部、局或研究所的名称，出版者的地址，发行者，发行年份，参考的页码，出版的系列，报告号码或专著的号码。

二、毒理学资料

　　毒理学资料的要求主要依据美国 FDA 于 2002 年发布的《关于 FCS 食品接触通告的准备——毒理学建议》。

　　FCN 中 FCS 的安全信息是食品接触通告的主题。它应该包括 FCS 的安全性概述和全面毒理学综述两方面。安全性概述是 FDA3480 表格的第三部分，为申请人判断 FCS 的预期用途是否安全提供了依据。全面毒理学综述应提供所有与 FCS 安全评估有关的毒理学信息概要。在某些情况下，FCN 可能需要涵盖 FCS 中所有有毒成分的全面毒理学综述。如果 FCS 中的某种成分为致癌物质，那么 FCN 中的全面毒理学综述应包括量化风险评估内容。

　　本文件建议对 FCS 及其成分进行安全检测，主要以一系列遗传毒性试验为基础。当 FCS 的摄入量达到一定水平时，则以亚慢性毒性研究为基础。本建议给出了在不同摄入量情况下，通常应达到的安全检测最低水平。当 FCS 的初始量或递增性摄入量值小于或等于 0.5ppb 时，不需要进行安全检测；当累计摄入量值处于 0.5ppb ~ 1ppm 之间时，建议进行遗传毒性试验和/或亚慢性试验；当累计摄入量值大于或等于 1ppm 时，根据《联邦食品、药品和化妆品法案》（Federal Food，Drug and Cosmetic Act）第 409 条（h）（3）（B）款的规定，美国 FDA 通常要求为 FCS 的使用提交食品添加剂申请。

　　注：ppm、ppb 根据原文直译过来，ppb 等同于 μg/kg，ppm 等同于 mg/kg。

在可行范围内，可以将通过结构 - 活性关系推测出的潜在毒性信息并入 FCS 的安全评估中。这类信息可以作为 FCS 安全性评估总策略的一部分，也可以用于帮助解释安全检测的结果。

最终指南体现了美国 FDA 关于 FCN 准备中的毒理学建议的最新观点。本指南不为任何人创造或赋予任何权利，不对美国 FDA 或公众有任何约束作用。如果另有其他方法能够满足相关法令、法规要求，也可采用。本指南的发布符合美国 FDA 的《良好指导规范》（Good Guidance Practice）。

（一）说明

《1997 年美国 FDA 现代法》（Food and Drug Administration Modernization Act of 1997，FDAMA）第 309 条修改了《联邦食品、药品和化妆品法案》（以下简称"该法"）第 409 条内容，将 FCN 程序确立为美国 FDA 管理食品添加剂和 FCS 的主要手段。

FCS 作为一种食品添加剂，必须在 21 CFR 173～178 中规定其预期用途；或免受机构法规阈值的约束；或作为《联邦食品、药品和化妆品法案》第 409 条（h）款规定的有效通告的主题。在 FCS 的食品接触通告和食品添加剂申请（FAP）中，必须包括充分的科学资料，以证明作为通告或申请主题的 FCS 在预期用途条件下的安全性。《联邦食品、药品和化妆品法案》第 409 条（b）款规定了食品添加剂申请中用于确定食品添加剂安全性的必备资料，其中包括与食品添加剂安全性有关的所有调查报告。由于所有食品添加剂的安全标准都是一样的（不管是通过 FCN 程序还是食品添加剂申请程序），因此 FCN 或食品添加剂申请中所涵盖的数据和资料是相似的。

（二）摄入量的估计

该指南所建议的安全检测是作为某 FCS 在食品接触通告中的基础。因为所建议的安全检测在很大程度上取决于 FCS 的累计估计日摄入量（CEDI）。累计估计日摄入量是 FCS 估计日摄入量（EDI）的总和，它是由本通告中所描述的应用和该物质在任何其他已规范的应用所组成。关于人类膳食摄入量的估算信息，可见化学建议。

在某些情况下，提交不完全的化学资料可能会影响摄入量估计的数值，进而影响毒理学测试的建议。因此，美国 FDA 建议申请人提供充足的关于食品中预估 FCS 水平的信息，以便估算出累计估计日摄入量以反映消费者对 FCS 摄入量的概值，同时确保采用适当的毒理学试验。

美国 FDA 意识到该指南中使用的累计估计日摄入量方法与其 TOR 程序的方法看上去有所不同。实际上，这两种方法是一致的。TOR 规定，如果膳食中使用的 FCS 的累计摄入量小于等于 0.5ppb，则无需进行申请。在设 TOR 程序时，美国 FDA 决定，由于在估算膳食摄入量时通常采取保守假设，因此某些低频率的膳食添加剂的使用对累计估计日摄入量的影响可以忽略不计。这样，就法规阈值接触量而言，无需使用累计估计日摄入量。美国 FDA 相信在确立法规阈值过程中做出的决定仍然合理。

（三）测试物质

通常 FDA 建议安全性试验中使用的测试物质应与将要迁移到食品中的物质一致。相关测试物质通常为 FCS 本身。然而，在某些情况下，相关测试物质可以包括 FCS 的多种成分，如：微量成分、制造过程中使用的材料或分解产物，其前提是这些成分将迁移到食品中。例如：当 FCS 是一种聚合物时，美国 FDA 建议对低分子量低聚物进行毒理学测试，而不是对聚合物本身进行测试，这是因为低聚物可能是从 FCS 迁移到食品的主要迁移物质。

一些 FCS 分解成其他物质，这些物质会对食品接触材料（如杀黏菌剂）的制造或食品接触材料本身（如磷基抗氧化物中，磷氧化成磷酸盐和亚磷酸盐）产生技术影响。其他的 FCS 由于生产过程的影响而分解，或在加工、储藏、食品或模拟食品溶剂中分解（如聚合物中的抗氧化剂）。在这种情况下，FCS 的分解产物可作为安全性试验的受试物质。

在安全性试验中使用的检测和控制条款的确定和处理应符合《良好实验室操作规范》。在任何情况下，应该了解安全性试验中所使用的测试物质的成分。申请人应该提供测试物质的主要成分和其他成分的名称、分子式和数量，以及未确认材料的大概数量。如果有常用名和商品名，也应提供。如果可能，应对同一批测试物质进行安全性试验。如果使用多批测试物质，每一批次的浓度、成分、纯度以及其他特性应该大致相同。

有关 FCS 化学特性及其成分的更多信息，可见化学建议。若需要具体测试物质的安全性试验指导，建议申请人与 FDA 联系。

（四）安全检测建议

1. 最低检测建议

美国 FDA 建议以累计估计日摄入量为基础进行实验（如果适合的话），以评定 FCS 及组成物的安全性。这些建议符合一般原则，即物质潜在风险可能会随着接触量的增加而增加。

美国 FDA 建议申请人至少提交以下试验资料和其他信息以评估 FCS（及其适用的成分）的安全性，不同的累计摄入量评估信息不同，具体如下所述。

（1）食品中累计摄入量小于或等于 0.5ppb［即 1.5μg/（人·d）］

①如果单次使用的摄入量小于等于 0.5ppb，则不建议对 FCS（或适用的成分）进行安全性试验。

②在全面毒理学综述中应提供有关 FCS 潜在致癌性的可用信息（例如：致癌性试验、遗传毒性试验或与已知的诱变剂或致癌物质结构相似性方面的信息）。

③对于 FCS 中包含的某种致癌成分，在全面毒理学综述中应评估由于拟使用该 FCS 致使该成分对人类造成的潜在癌症风险。

（2）累计摄入量大于 0.5ppb［即 1.5μg/（人·d）］，但不超过 50ppb［即 150μg/（人·d）］

①当 FCS（和/或适用的成分）的累计摄入量介于 0.5ppb 和 50ppb 之间时，应采用遗传毒性试验对其潜在致癌性进行评估。建议使用的遗传毒性试验包括：

a. 测试细菌的突变基因。

b. 利用哺乳动物细胞进行的染色体损伤或小鼠淋巴瘤 tk± 基因突变的体外试验。美国 FDA 倾向于小鼠淋巴瘤 tk± 检验，这是因为该试验既测量活细胞的可遗传损害，也能检测到诱发基因突变或染色体畸变的化学成分，包括与致癌作用相关的遗传学现象。在进行小鼠淋巴瘤 tk± 分析时，应采用软琼脂法或微孔平板法。

②全面毒理学综述应适当讨论关于该物质潜在的致癌性的附加信息（例如致癌性试验、遗传毒理试验、关于已知诱导有机体突变物质和致癌物质的结构相似性的信息等）。

③对于 FCS 中包含的某种致癌成分，在全面毒理学综述应评估由于拟使用该 FCS 致使该成分对人类造成的潜在癌症风险。

（3）累计摄入量介于 50ppb［即 150μg/（人·d）］ 和 1ppm［即 3mg/（人·d）］ 之间

①当 FCS（和/或适用的成分）的累计摄入量介于 50ppb 和 1ppm 之间时，应采用遗传毒性试验对其潜在致癌性进行评估。建议使用的遗传毒性试验包括：

a. 测试细菌中的突变基因；

b. 利用哺乳动物细胞进行的染色体损伤细胞遗传学评价体外试验或小鼠淋巴瘤 tk± 检测的体外试验（倾向于小鼠淋巴瘤试验）；

c. 利用啮齿类动物造血细胞进行的染色体损伤体内试验。在进行小鼠淋巴瘤 tk± 分析时，应采用软琼脂法或微孔平板法。

②全面毒性概述应适当讨论关于该物质潜在的致癌性的附加信息（例如致癌性试验、遗传毒理试验、关于已知诱导有机体突变物质和致癌物质的结

构相似性的信息等,具体可见本节九已知有毒物的结构–活性关系性评估。

③对于 FCS 中包含的某种致癌成分,在全面毒理学综述中应评估由于拟使用 FCS 致使该成分对人类造成的潜在危险(具体可见本节七(三)致癌物组分的风险评估)。

④FCS(和/或适当的成分)的潜在毒性应由啮齿动物和非啮齿动物的两项亚慢性经口毒性试验进行测定。使用累计估计日摄入量为基础,该试验应为确定 FCS 或其组成成分的每日允许摄入量(Acceptable Daily Intake,ADI)提供足够的基础数据。此外,试验结果也将有助于确定是否应进行长期或专门的毒理学试验(例如:新陈代谢试验、致畸性试验、生殖毒性试验、神经毒性试验和免疫毒性试验)以评估这些物质的安全性。

(4)累计摄入量大于或等于 1ppm〔即 3 mg/(人·d)〕

当 FCS 或某组成成分的累积摄入量大于或等于 1ppm 时,美国 FDA 建议作为 FCS 使用时应提交食品添加剂申请书。

2. 安全性检测方案

《关于食品中使用的直接食品添加剂和色素添加剂安全性评估的毒理学准则》(美国 FDA,1982)提供了执行标准毒理试验(遗传毒性试验除外)的一般指导原则,并与 FCS 及其组成成分的毒理试验相关。更多的附加说明可以在 1993 年的红皮书 II 草案中找到。

红皮书的部分章节,包括某些遗传毒性试验的执行指南,可在美国 FDA 网站(https://www.fda.gov/Food/default.htm)上查阅到。对于没有在网上发表的遗传毒性试验,美国 FDA 建议申请人参考经济合作与发展组织(OECD)出版的《测试指南》、美国环境保护署(EPA)的指南以及人用药品注册技术规定国际协调会议(ICH)的《遗传毒理试验指南》。

其他的安全性试验及其程序也可采用。在这种情况下,美国 FDA 建议申请人在进行试验之前就其计划使用的试验与毒理学建议中的偏差与美国 FDA 的科学家进行咨询协商。

所有的安全性试验应根据食品与药物管理局的《良好实验室规范》(GLP)条例或美国环境保护署的《良好实验室规范指南》或经济合作与发展组织的《良好实验室规范指南》进行。如果某项试验未依从这些规范或指南进行,则应提供一份简短的原因声明。对于 1978 年以后执行的,不符合美国 FDA 良好实验室规范的安全性试验,美国 FDA 建议:如果该试验对评估 FCS 的安全性起关键作用,则要求申请人在提交文件中包括一份由独立的第三方审计员审计的数据资料。

3. 生物杀灭剂的测试建议

生物杀灭剂是一种人为的有毒 FCS。因此,美国 FDA 建议:当申请人使用累计估计日摄入量为基础进行毒理试验，以评定 FCS 及组成物的安全性时，这些生物杀灭剂累计估计日摄入量应为用于确定其他 FCS 安全性的累计估计日摄入量值的 1/5。美国 FDA 认为这些低摄入量限制适合于主要用于抗菌或抗真菌效应的 FCS。

4. 遗传毒性试验建议

如果 FCS 的累计摄入量大于 0.5ppb，美国 FDA 建议应进行遗传毒性试验。这是因为即使致癌性物质的接触量处于低水平，它也是目前对健康担忧的一个因素。并且除了致癌性试验以外，遗传毒性试验是最可靠的潜在致癌性评价的实验性指标。

在某些情况下，遗传毒性试验也许是无法用来评价的，或者，也许需要修改以上提供的建议方法。例如，美国 FDA 认为对聚合物进行遗传毒性试验是不必要的，而对能融入食品的低聚物和其他组分进行的测试则更合适。

5. 应用美国 FDA 建议的灵活性

本文件提供的信息和指导旨在帮助确保有足够的 FCS 及其组分的安全信息可供使用，以便判定该物质在建议的使用条件下是否安全。尽管本文件包含的信息陈述了当前美国 FDA 关于安全信息的观点，需要这些安全信息来确定 FCS 及其组分的安全性，但是如果有其他方法符合适用的法令和条例，申请人也可以采用这些替换方法。

本文件中讨论的建议允许申请人根据他们自己的判断选择 FCS 安全性检测的方法。应以个案为例，对确定某一特定 FCS 或其组分的安全性所需的安全信息测试标准和类别进行评估。建议的用途，潜在急性和慢性毒性以及结构可疑化合物等都是应考虑的一些因素。

（五）准备安全性信息

美国 FDA 建议申请人应分两部分来准备安全性信息。第一部分安全性信息应提供美国 FDA 表 3480 的第Ⅲ部分中的信息；第二部分应提供附于美国 FDA 表 3480 的安全数据综合报告。

其中美国 FDA 表 3480 的第Ⅲ部分是安全概要。美国 FDA 表 3480 的第Ⅲ部分中的安全概要分为四节如下：

A. 安全性概述。

B. FCS 全面毒理学综述。

C. 关于潜在致癌性和毒性组分的信息表格。

D. 所有其他相关信息（未包含于其他部分中）的简要说明。

其中 B 节安全性信息是安全数据综合报告。美国 FDA 建议申请人按下例分类组织安全数据综合报告：

第 1 部分：全面毒理学综述。

第 2 部分：安全性试验的原始报告。

第 3 部分：出版的文献。

第 4 部分：附录。

本文件第七节将会详述全面毒理学综述（安全数据综合报告的第一部分）的详细资料。安全数据综合报告的第二部分应包括安全试验的原始报告，第三部分应包括出版的文献（即：申请人准备第一部分所依据的数据或信息）。如果可能的话，则应递交所有建议的安全性试验、致癌性判定和其他关于 FCS 及其组分的重要试验的完整试验报告，包括所有原始数据（即个体动物资料、平板计数等）。不管是由申请人还是由第三方来执行的试验，包含原始数据的完整试验报告都应包括在安全性数据包中。完整试验报告中的原始试验数据和相关信息对于定量试验是非常重要的，例如：进行风险评估或确定未观察到作用水平。对于澄清或确定特定安全试验的完整试验报告是否应包含在食品接触通告中，建议申请人与美国 FDA 联系。

安全数据综合报告的第四部分应包括未在其他部分中注明的数据及其他信息的附录。此类数据主要应由申请人考虑判断作为补充数据。本部分中总结的此类信息旨在能够使美国 FDA 就该类信息的效用作一个独立的评估。在本部分中，美国 FDA 特别建议申请人，应该包括一个试验的摘要，并说明在全面毒理学综述中没有对这些试验进行讨论的原因。如果此类试验和信息太多，则美国 FDA 建议申请人在准备这样的附录前应联系美国 FDA。另外，在独立标题下，附录应包括所有文献搜索的结果和与搜索相关的所有信息（例如：所选用的数据库名、搜索年限、使用的限定搜索术语等）。第四部分中的其他信息可包括安全数据表、书的章节、评论文章等。

（六）安全性概述（SN）

每则通告均应包括安全性概述。安全性概述是对安全性决策的科学基础的简述。通常安全性概述应涉及评估膳食摄入量和 FCS 及其组分的潜在毒性，并且应以本通告其他部分中详述的化学和安全性信息及分析为基础。在安全性概述中，通告应明确报告 FCS 的所有影响，包括那些被认为是不利的影响或生理影响。必要时，安全性概述还应包括 FCS 和其组分潜在的诱导突变和致癌毒性相关的结论。此外，如果 FCS 中相关的组分是致癌物质，安全性概述还应为其提供相对应的最坏案例、最大值以及终身风险级别。但是，此部分不需要详细的定量风险评估程序。如果 FCS 的 ADI 是根据某些试验而确定，则相关的试验和选择的终点、选择的动物类别和采用的安全（或不确定性）系数应予以说明。目前来讲很多累计估计日摄入量小于 50ppb 的 FCS 的 ADI 没有计算。但是如果适当的试验数据存在，每日允许摄入量是可以计算出的。如果使用先前确定的每日允许摄入量支持 FCS 的新用途，则应说明。

每日允许摄入量的计算方法：将根据所有相关安全试验识别出的各个未观察到作用的剂量（No Observed Effect Level，NOEL）乘以一个适当的安全系数。关于确定 NOEL 的信息，参见本节的七.（二）部分。

当 NOEL 是通过两个亚慢性毒性试验获得时（啮齿和非啮齿类），美国 FDA 通常会建议申请人使用 1/1000 的安全系数；当 NOEL 是通过两个慢性毒性试验获得时，美国 FDA 通常会建议申请人使用 1/100 的安全系数。对于生殖和发育毒性，当观测到的作用影响严重或是有不可逆转的改变时（例如：缺肢或减少的活胎出生率），美国 FDA 通常会建议申请人使用 1/1000 的安全系数。否则，美国 FDA 建议使用 1/100 的安全系数，也可以依据各试验具体的情况做出其他适当调整。

从传统上来说，应选择最小的每日允许摄入量为最终每日允许摄入量。除非有科学理论或数据证明并非如此。例如，验证动物体内发现的毒性效应不会出现在人体内。

（七）全面毒理学综述（CTP）

每则通告均应包括全面毒理学综述。它应包括所有未出版的和已出版的安全性试验以及与该 FCS 安全评估相关的相应信息。如果某些 FCS 的组分估计会转移到食品中，则通告中还应包括各潜在毒性物质成分的全面毒理学综述。

在编排全面毒理学综述时，应说明能够鉴别物质副作用的所有安全试验或与决定物质的允许日摄入量有重要影响的所有安全试验。下面将介绍美国 FDA 对各种安全试验相关性的观点。此观点在全面毒理学综述编排过程中应予以考虑。

如果在全面毒理学综述中的某项具体试验中的试验物质与 FCS 不同，则应清楚地说明它与 FCS 的关系。例如，应该将试验物质视为 FCS 的一种组分（例如：合适的单体、低聚物、分解产品、副作用产品或杂质）。

以下是美国 FDA 关于准备全面毒理学综述重要部分（包括实验总结、未观察到作用水平的决定、风险评估、参考书目）的建议。

1. 准备全面毒理学综述试验概要

（1）遗传毒性试验的总结

遗传毒性的潜在性是 FCS 安全评估的考虑重点。在全面毒理学综述中应详细描述 FCS 及其组成部分的遗传毒性信息。在评估 FCS 及其组成部分的安全性时，申请人应考虑所有已出版和未出版的遗传毒性数据。

总结遗传毒性试验时，美国FDA建议申请人几方面如下：

①根据测试系统分类可用数据（例如：细菌中的基因突变、哺乳动物细胞基因突变、体外的染色体畸变、体内染色体畸变等），应按时间先后顺序介绍同一测试系统中的各个试验。

②编制FCS及其适当组分的遗传毒性数据表格。

③如有可能，阐明并说明关于FCS及其组分的遗传毒性潜在性的结论。

（2）体内毒性试验的总结

在全面毒理学综述中详细说明FCS及其组分的体内毒性试验的标准，并系统地介绍已出版及未出版的安全数据。按物种（如：小鼠、大鼠、狗等）将同一试验类型（即：亚慢性、慢性、生殖等）的实验报告和已出版的文章归类，然后按每组的时间顺序进行总结。以下是一个提纲例子，申请人可以按照此例准备全面毒理学综述中的试验。

急性毒性试验（可以表格形式列出）；

- 短期毒性试验；
- 亚慢性毒性试验；

  小鼠；

  大鼠；

  狗；

  其他物种。

- 生殖和发育试验；
- 慢性试验（按物种）；
- 致癌性试验；
- 特殊试验（包括适当的体外研究）。

美国FDA建议每个独立的试验总结中至少应包括以下信息。

- 试验物质的特性；
- 实验动物的物种和品种；
- 动物数目、性别、剂量和控制组；
- 给药途径；
- 剂量（mg/kg（体重）·d）、服用频率与时间、载体剂量（选填）；
- 以合理为前提，试验设计中的其他要素（例如：恢复阶段、淘汰方法、中间处死等）；
- 测量参数（例如：临床症状、临床化验室检验、器官质量、组织病理学等）和测量频率；
- 重要的与测试物相关的作用（包括显示出作用的剂量、动物的发病率及影响等）；

- 观察不到与测试物质有相关作用的最高剂量（即：各项测量参数的未观察到作用水平）。

2. 未观察到作用水平（NOEL 或无作用量）的确定

NOEL 应由相关安全试验所鉴别的最敏感、非致癌性副作用确定。NOEL 的单位应为 mg/（kg·d）（测试动物每天的体重）。

如果试验中测试动物的 FCS 或组分的浓度表示为饮食中的百分比或百万分率（ppm），申请人应使用这些单位来报告未观察到作用水平 NOEL 并且根据 mg/kg（体重）/d 计算出摄入量。在这种情况下，申请人应指明计算中是否使用实际的膳食消耗量数据。应根据试验类型（即：亚慢性、慢性、生殖等）编制一份 NOEL（如果存在）的汇总表，以帮助评估和确定所有与测试物质相关的 NOEL。

3. 致癌物组分的风险评估

必要时，全面毒理学综述应包括 FCS 致癌物质组分的风险评估。《联邦食品、药品和化妆品法案德莱尼修正案》食品添加剂条款（《联邦食品、药品和化妆品法案》的 409（c）（3）（A）部分）规定：禁止批准使用致癌性食品添加剂（包括 FCS）。重要的是《联邦食品、药品和化妆品法案》德莱尼修正案适用于添加剂，而不适用于添加剂的组成成分。因此，如果未证明食品添加剂（FCS）会致癌但食品添加剂包含一种致癌的成分，那么美国 FDA 会根据一般的安全标准（《联邦食品、药品和化妆品法案》409（c）（3）（A）部分）、使用定量风险评估程序评估该成分。

如果关于该组分的流行病学研究或啮齿动物致癌性试验的结果是确定的或是不确定的，通常申请人应以该组分的摄入量计算相对应的最坏案例、最大值以及终身致癌风险度。申请人也可以使用其他方法来评估致癌成分的风险度，但必须提出有力的科学依据来证明这种评估风险度方法的合理性。在计算风险度时申请人应做到如下方面。

（1）使用最敏感物种、品种、性别和试验的肿瘤数据进行研究；

（2）假设出现在多个部位的肿瘤彼此独立则累加其风险度；

（3）用单位癌症风险度数值乘以组分的估计日摄入量（根据它在通告中的使用浓度）来计算相对应的最坏案例、最大值以及终身致癌风险度。单位癌症风险是从出现有害作用的最低剂量到零的直线斜率定义。美国 FDA 已计算出某些 FCS 组分的单位风险度。

在 Kokoski et al.[4] 和 Lorentzen[5] 的出版物中包含了美国 FDA 关于风险评估方法的一般信息。有关食品安全与应用营养学中心的定量风险度评估程序的更多详细信息，申请人可与美国 FDA 联系。

4. 参考书目

全面毒理学综述应包括按字母顺序列出的所有参考的参考书目。全面毒理学综述中出现的所有已出版和未出版的实验和信息，应通过参考出版文献的作者和出版年份在文中合理地参考。

所有已出版的参考文献应包括所有的作者名、出版年份、文献的完整名称、参考页码和杂志的名称。参考书还应包括书名、版本、编辑的姓名和出版商。如参考尚未发表的实验结果，应注明所有作者、实验的发起人、实验室、最终报告的时间、最终报告的完整标题、报告识别号码和包含的页码。对政府出版物的参考应包括部门、局或办公室、标题、出版单位地址、出版单位、出版年份、参考页码、出版系列以及报告编号或专论编码。

（八）美国 FDA 对通告中各种安全性试验相关性的看法

除急性毒性试验之外，美国 FDA 认为经口染毒受试物质的安全试验与食品中物质的安全评估更密切，更合理。如果可以观测到全身系统效应，则从其他染毒途径的试验（包括吸入和皮肤）中收集的数据可能也是有价值的。只有与食品物质安全评估相关的试验和信息才需要在全面毒理学综述中讨论。

以下简要介绍美国 FDA 对 FCS 安全评估的各种毒性试验相关性的看法。

1. 急性毒性试验

在消费者可能长期反复接触的 FCS 的综合安全评估中，很少使用急性毒性数据，包括半数致死剂量（LD_{50}）。不需要对急性毒性试验进行单独讨论。一种情况例外：急性毒性试验提供的重要信息可能会为测试物质副作用的潜在靶器官提供线索。除此之外，应用表格概述急性毒性试验的结果。

2. 遗传毒性试验

美国 FDA 认为物质的遗传毒性信息对物质的安全评估来说是至关重要的。这是因为在缺少致癌性数据的情况下，遗传毒性试验可用于考量其潜在的致癌性。

在确定遗传毒性试验结果是否表明 FCS 存有潜在的安全考量过程中应考虑的因素有。

（1）其他可用的安全数据，如慢性或致癌毒性试验。

（2）遗传毒性试验的质量。

（3）阴性和阳性遗传毒性试验结果的数据。

（4）测试物质的化学结构。

3. 短期毒性试验

动物的短期毒性试验，通常只有 7~28d，不用于确定 FCS 的允许日摄入量。但是，在全面毒理学综述中应列出和总结各个短期试验。对于这些试验，必要时应强调与慢性毒性试验的毒性反应和剂量有潜在关系的靶器官。

4. 亚慢性毒性试验

亚慢性毒性试验的未观察到作用水平通常是决定 FCS 允许日摄入量的基础。在这种情况下，提供完整的亚慢性试验总结是非常重要的，其中包括全面毒理学综述中对试验结果的详细讨论。如果亚慢性试验的主要目的是识别在慢性毒性试验中的靶器官或设置剂量，那么就可以在试验总结中适当强调这些目的。如果对不同物种进行亚慢性试验，则应该讨论物种的差异（如果存在）。

5. 生殖和发育毒性试验

由于生殖和发育毒性试验的 NOEL 可以作为决定 FCS 允许日摄入量的基础，因此应提供所有试验结果以进行总结和详细讨论。对于亲代动物及其各后代，应鉴别所有与测试物质有关变化的 NOEL。总结应阐明哪些作用可以获得 NOEL，应评估报道的任何毒性改变的相关性，而且如果观察到，应注明试验中母体毒性对试验结果的影响。

6. 慢性毒性试验

为了达到 FCS 安全评估的目的，如果可以进行慢性毒性试验。一般来说这些试验结果都可以取代亚慢性试验结果。由于这些试验耗时较长，所以可以鉴别短期试验中未发现的毒性作用。在全面毒理学综述中，应该总结并详细讨论啮齿动物和非啮齿动物慢性毒性试验的试验结果。

7. 致癌性试验

致癌性试验与 FCS 及其成分的安全评估相关。如果可以使用这样的试验，则应该讨论所有致癌性和非致癌性的试验观察结果。编制所有器官或组织部位的受试物所致肿瘤和非肿瘤损害的汇总表，同时应提供测试动物各个单独器官部位已发现的良性和恶性肿瘤的风险。如果可能还应详细描述重要损害的形态。除了对剂量和对照组之间的重要性进行计算外，还应进行统计趋势计算。另外应评估所有明显作用之间的潜在生物关联性。在有关的组织病理学信息中，应讨论从试验中获得的肿瘤形成的时间以及该实验室的肿瘤实验历史对照数据。美国国家毒理学研究规划编制的报告，为如何陈述以上要求的组织病理学数据提供了良好的例子。全面毒理学综述应清楚地说明 FCS 是否与致癌性或前期致癌性的变化有关，并讨论在本试验中发现的肿瘤发病率、肿瘤位置和类型是否证明了 FCS 或其适当成分会致癌。

注意：以上详细信息对支持试验中没有发现致癌效应这一结论来说非常重要。

8. 特殊试验

特殊研究包括代谢和药代动力学试验，以及旨在测试其他特殊类型的动物毒性试验（例如：神经毒性、免疫毒性）。临床试验和所报道的人体内的发现结果也被视为特殊试验。通常来说，临床试验不是 FCS 试验范例的一部分。但是如果可以利用临床试验，则应该在全面毒理学综述中提供各个试验的总结。临床试验的结果可以影响 FCS 允许日摄入量的确定。

（九）已知有毒物的结构 – 活性关系性评估

FCS 及其成分的化学结构和物理化学性质是毒性的潜在决定因素，这种概念或推测应是合理的。在可行范围内，可以将通过结构活性关系推测出的潜在毒性描述并入 FCS 及其组分的安全评估中。必要时，可用专家的分析、决策树图表或者计算机辅助定量结构活性方法来阐述或推测相关物质的化学结构和毒性测试终点。然而，此类信息不能用来代替试验数据，但是它有助于制订安全评定的总策略和解释致癌性和其他安全试验的结果、数据。

（十）提交前会议

申请人可以要求召开关于 FCS 通告的提交前会议。多数通告不需要美国FDA 和申请人之间的提交前会议。是否与美国 FDA 举行提交前会议，由申请人自行决定。提交前会议旨在帮助成功递交通告。因为如果没有充分的科学数据支持，提交的通告不会被接受。美国 FDA 会认为提交前会议的性质和目的是咨询。提交前会议不应被看作是美国 FDA 对是否接受（申请人在提交前会议后提交的）通告的最终决定。

举个例子，当允许日摄入量与累计估计日摄入量之间的比值小于 5 的时候，提交前会议也许是有用的。这种情况下申请人可能希望在递交通告前举行一次会议，讨论确定 NOEL 过程中可能出现的论述差异，以便计算允许日摄入量。由于安全试验中的剂量通常差至少 3 倍，所以确定的未观察到作用水平很少会存在多于一个剂量的差异。因此美国 FDA 认为，当允许日摄入量与累计估计日摄入量之间的比值小于 5 时，可考虑举行提交前会议。

当对于 FCS 的致癌性、与致癌成分有潜在关系的重大风险存在疑问时，或有可疑诱变数据时，提交前会议也可以提供帮助。

（十一）决定提交通告时的其他毒理学事项考虑

美国 FDA 在评估 FCS 及其成分的安全性的经验表明，在以下情况下，即使抗微生物制剂的估计累积摄入量高于 1ppm，或 200ppb 的标准，食品接触通告也适用于 FCS：

（1）FCS 及其成分的允许日摄入量已经存在。在这种情况下，提交食品接触通告前，申请人需联络美国 FDA 以决定已存在的允许日摄入量是否适用于预提交的 FCS。

（2）已拥有大量关于 FCS 或其成分结构相近类似物的数据库，且该类似物已通过美国 FDA 批准。这种情况下，建议使用以下毒性测试办法，验证美国 FDA 已规范的相似物与预提交的 FCS 及其成分的毒性和代谢相似度。

①一个历时 90d 的经口动物毒性试验研究（啮齿或非啮齿）。

②具对比性的吸收、分布、代谢和排泄试验。

胃肠道很少或没有吸收的 FCS 和/或其成分，该论断应得到相关科学信息或数据支持。

FCS 经化学或代谢转化形成已知几乎无毒性的产物（在累计估计日摄入量基础上）。并且该论断应得到体内或体外相关试验数据的支持。

第二节　法规豁免

1995 年，FDA 建立了 TOR 豁免程序（21 CFR 170.39），将用于食品接触材料的一项物质从许可管理的规定中免除。要取得豁免，该物质必须符合 FDA 审查确定的标准，具体标准要求如下。

（1）该物质（含杂质）对人或动物无致癌作用，或结构活性分析表明无致癌作用。若杂质有致癌作用，权威数据库或权威科学文献载明的动物长期喂养试验 TD_{50} 不得低于 6.25mg/（kg·d）（应采用各种文献载明的最低 TD_{50}）。

（2）每人每天对该物质的摄入量不超过 1.5μg（相当于每 1kg 食物中的摄入量不超过 0.5μg），或者该物质为食品添加剂时，通过饮食的暴露量不超过 ADI 的 1%。

（3）该物质对食品品质无作用，且对环境无负面影响。

通过 FDA 豁免程序审查的物质会公布在 FDA 网站，对任何生产商、供应商均有效。

第三节 环境安全性资料

一、简介

1969 年《国家环境政策法》要求每个联邦机构作为其决策过程的一个组成部分，评估其行为对环境的影响，并确保感兴趣和受影响的公众了解环境分析。FDA 在 21 CFR 第 25 部分中规定了在 40 CFR 部分 1500～1508 项下补充环境质量委员会（CEQ）条例的程序。该机构于 1997 年 7 月 29 日修订了第 25 部分（以下称"1997 年最后规则"），以提高林业局执行《国家环境政策法》的效率，并减少《国家环境政策法》评价的次数，对其他类别的行为作出明确的排除，这些行为对人类环境没有单独或累积的重大影响，因此不需要环境评估或环境影响说明。第 25 部分 20 节具体规定了通常至少需要准备环境评估的行为类型。这些行为包括批准食品添加剂申请和有颜色添加剂申请，根据《联邦食品、药品和化妆品法案》21 CFR 170.39 第 170.39 批准作为食品添加剂的豁免请求，允许根据《联邦食品、药物和化妆品法案》[21 U. S. C. 348（h）第 409（h）]节提交的 FCS 通告生效，确认公认为安全的食品（Generally Recognized As Safe，GRAS），并通过条例予以确立。食品标签的要求，除非该行为符合第 25.30 或 25.32 条规定的绝对排除。利害关系方可通过向本机构提交任何请愿书、豁免请求或此处列出的通知，请求机构采取行动。这些行动请求将在本文件中统称为"提交材料"，提交材料的缔约方作为"提交人"。

本指南旨在帮助提交者为可能包含在分类排除和环境评估（Environmental Assessment，EA）提交中的信息提供建议。指南除了提出有助于机构审查提交材料的信息类型外，还提到了第 25 部分中的一些要求，其中包括以下主题。

（1）何种类型的行业发起的行为受到绝对排斥的要求？

（2）绝对排斥的主张包括有什么？

（3）哪些是 EA？

（4）何时需要 EA？

（5）什么是特殊情况？

（6）CFSAN 对准备 EA 有何建议？

如果本文件未涵盖拟议的行动，提交人可与 CFSAN 联系，以获得关于如何评估潜在环境影响的指导意见。

根据法规，所有要求机构采取行动的文件都必须附有明确排除的主张或适当的行政许可。适当的环境评估是处理相关环境问题，并包含足够的信息，使该机构能够确定拟议的行为是否会对人类环境的质量产生重大影响。对于可能对人类环境质量产生重大影响的行为，该机构必须根据第 25 部分 22 节编写一份环境影响说明。

FDA 的指导文件，包括这一指南并没有建立法律上可强制执行的责任。相反指南描述了该机构目前对某一个主题的思考，除非参考了具体的监管或法规要求，否则只能视为建议。在机构指导中使用这个词意味着建议或推荐某事，但不要求。

二、明确排除的行动

对人类环境不会产生直接或累积的重大影响的一类行为绝对排除，因此通常不需要编制环境评估或环境影响报告书（EIS）。然而，按照 21 CFR 25.21 和 40 CFR 1508.4 的要求，如果特殊情况表明所提出的具体行动可能会严重影响人类环境的质量，FDA 至少需要一个 EA 来处理通常被排除在特殊情况下的任何具体行动。

（一）被明确要求排除发起行动的行业类型

法规中关于绝对排除的主张适用于业界提出的 CFSAN 行动请求，包括批准食品添加剂申请和有颜色添加剂申请、豁免请求、允许 FCS 通知生效、确认 GRAS 地位和申请某些食品标签条例，具体请求如下。

（1）条例的纠正和技术修改。

（2）在产品或其替代品的预期用途没有增加或改变的情况下，通过管制制定或废除对销售物品的标签要求。

（3）颁布、修订或废除食品标准。

（4）批准有颜色添加剂申请，将临时列入名单的有颜色添加剂确定为永久列入，用于食品、药品、设备或化妆品。

（5）根据美国 FDA 的倡议或响应 21 CFR 第 182、第 184、第 186 或第 582 部分规定的请愿书，确认某一食品物质为人类或动物的 GRAS，并制定或修订一项关于 21 CFR 170.3（1）和 181.5（a）中所界定的事先批准的食品成分的条例，条件是该物质或食品配料已在美国销售供使用。

（6）批准食品添加剂申请、GRAS 确认申请、批准豁免请求或允许通知生效，条件是该物质以不超过 5% 的质量存在于成品食品包装材料中，并且预期通过消费者使用或该物质是成品食品包装材料涂层的组成部分而留在成品食品包装材料中。

（7）批准食品添加剂申请、GRAS 确认申请、豁免请求或允许通知生效。当该物质被用作永久或半永久性设备的食品接触面或另一种打算重复使用的食品接触物品的组成部分时。

（8）批准食品添加剂、有颜色添加剂或 GRAS 确认申请，或允许对直接添加到食品中的物质生效，这些物质旨在通过消费者的摄入而留在食品中，而这些物质并不打算取代食品中的微量营养素。

（9）批准申请用于隐形眼镜、缝线、用作人工晶状体、骨水泥和其他食品药品管理局管制产品的人工晶状体、骨水泥和其他使用水平同样低的药物时，用作支撑触觉的有颜色添加剂。

（10）批准食品添加剂申请，以表明来自新植物品种的食品中的预期表达产品。

（11）批准食品添加剂申请书，批准豁免请求或允许对美国环境保护局根据《联邦杀虫剂、杀菌剂和杀鼠法》登记的物质生效。

（12）批准的食品添加剂、色素添加剂、GRAS 确认申请书或对于自然环境中存在的一种物质，当行为并不会显著改变浓度或分布的物质、其代谢物或降解产物在环境中的浓度、分布时，允许通知生效。①

（13）根据21 CFR 101.12（h）中所述的参考数量公民请愿书，对一项规例的发行、修订或撤销，如 21 CFR 101.69 所述的营养内容申请，或在 21 CFR 101.70 中所述的健康索赔申请。②

提交人只需就一项明确排除提出索赔，即使一项以上的排除可能适用于某一特定行为。

（二）关于绝对排除的主张必须通过规章

如果提交人选择为拟议的行为请求绝对排除，绝对排除的要求：

（1）引自 CFR 的一节，根据这一节主张绝对排除；

（2）包括遵守绝对排除标准的声明；

（3）包括一项声明，即据提交人所知，不存在需要提交豁免的特殊情况。林业发展局制定了其分类排除条款，以列入具体标准，以便在大多数情况下

---

① 在环境中自然产生的物质，是从自然资源或生物系统中获得的，并以与环境中自然存在的物质相同的形式存在于环境中。如果合成物质与环境中自然存在的物质相同，也可被视为自然存在的物质。

② 第25.32（P）节提及第101.103 节（21 CFR 101.103）中所述的关于成分标签声明的请愿书。然而，FDA 于 1996 年6 月3 日撤销了第101.103 条（61 FR 27779），因为它重复了 21 CFR 10.30 关于公民请愿书的程序。该机构打算通过删除第101.103 条的提法来纠正第25.32（P）条。

可以很容易地确定或通过审查行为，请求一部分提交的其他资料来确认绝对排除。这一做法与 CEQ 的观点一致，因为在请求排除类别时提交的信息通常是足够的。在可能有必要的有限情况下，CFSAN 可要求提供更多的资料，以确定已达到绝对排除的标准。如下文所述，这类信息可能有助于 CFSAN 确定是否适用于排除。

对存在于成品食品接触材料中不超过 5% 的质量，通过消费者使用并在成品食品接触材料中存留的物质的提交被排除在外。在声称这一明确排除时，该机构预计只要简单地说明索赔适用于与成品食品接触材料保持在一起并发挥作用的物质就足够了。对于在成品食品接触材料中没有功能的物质如加工助剂，这些物质确实被用于接触材料中，并通过消费者的使用保留在成品食品接触材料中，FDA 建议提供食品接触材料中所用物质的百分比的估计值。①以下可适用于这种排除：

（1）当加工助剂以不超过 5% 的质量存在于成品食品接触材料中时，可适用于这种排除；

（2）预计加工助剂将通过消费者的使用保留在成品食品接触材料中；

（3）加入到成品食品接触材料中的加工助剂所占百分比较高，如 >95%。

规定的排除适用于批准食品添加剂申请的诉讼，该请求涉及从新植物品种衍生的食品中存在的预期产品。正如修正第 25 部分的拟议规则序言中所讨论的（61 FR 19476，19483，1996 年 5 月 1 日），FDA 确定根据《联邦植物害虫法》的授权，美国农业部（USDA）根据《国家环境政策法》对可能造成的植物虫害风险的新植物品种进行处理。FDA 建议对这类行为的绝对排除声明中提供美国农业部根据《联邦植物害虫法》进行的审查状况。如果美国农业部已确定某一生物不受管制，而该生物因被认为有可能成为一种植物害虫而受到美国农业部的监督，则明确排除的主张应援引联邦登记册的通知予以确定。

规定的排除，适用于涉及环保局根据 FIFRA 登记的物质的行为，该物质与提交给 FDA 的申请中所要求的用途相同。1997 年最后规则的序言为适用这一排除规定提供了指导。

"用途相同"是指在将食品添加剂的使用与农药的使用进行比较时，使用的目的、与所要求使用的物质一起使用的任何成分、该物质的数量以及与其一起使用的任何成分的数量基本上相同。

---

①　例如，假定该物质建议使用的最大年度市场容量是 10 万公斤（kg），如果 2000kg 的物质进入食品接触材料为生产的废物，98000 公斤将成为成品食品接触材料的组成部分，那么用于包装的物质所占的百分比就是 98%。

对于这类行动，该机构建议提交人在任何明确排除声明中包括：

①提交材料中要求具有相同用途的物质的当前 FIFRA 注册标签的副本。

②拟议的 FIFRA 注册标签的副本，其中包括 FDA 管制的非农药使用，保证人预计在 FDA 批准后要求 EPA 对该物质进行修订。

鼓励提交人与 CFSAN 联系，询问特定行为是否可以明确排除。

三、环境评估的准备工作

（一）环境评估的定义

根据 CEQ 在 40 CFR 1508.9 中的定义，EA 是一份简明的公共文件，用于提供足够的证据和分析，以确定是否准备一份环境影响信息系统（EIS），或确定一项无重大影响的调查结果（FONSI）。EA 必须包括以下方面的简要讨论：拟议行为的必要性、"国家环境政策法"第 102（2）(e) 节所要求的替代品，拟议行为及其替代品的环境影响以及咨询的机构和人员名单（40 CFR 1508.9 和 21 CFR 25.40）。环境影响评估必须侧重于与使用和处置 FDA 管制物质有关的环境问题，并且是一份简明、客观和平衡的文件，使公众能够理解该机构决定编制环境影响报告书或 FONSI 的依据。

如果确定某项行为或一组相关行为可能对环境造成不利影响，环境评估机构必须讨论提供较少环境风险或比拟议行为更有利于环境的任何合理的替代行为。

在 FDA 修订法规第 25 部分之前，法规为各种类型的行为提供了标准的 EA 格式。在咨询了 CEQ 后，FDA 决定在指导文件中提供 EAs 的样本格式，而不是在修改后的规则中。由于指导文件不约束机构或公众，因此更容易修订，它们的使用将使 FDA 更灵活地调整环境文件，以反映环境分析中最先进的发展并将协助提交人关注重要的环境问题。

（二）法规需要 EA 的情况及应使用格式

建议的 EA 格式适用于下列物质，这些物质是提交给机构的，但在其他情况下不受第 § 25.30 条或第 § 25.32 条的明确排除：

（1）直接添加到食品中的物质，这些物质通过消费者摄入而留在食品中，旨在取代食品中的微量营养素，而且不符合规定的排除条件。①

（2）用于生产食品的二次直接食品添加剂和 FCS，这些物质预计不会保

---

① 根据第 25.32（r）条，该类别中的某些操作可能有资格被排除，因为它们涉及在环境中自然产生的物质，并且不会显著改变环境中物质、其代谢物或降解产物的浓度或分布。

留在食品中，不符合排除标准。①

（3）用于生产食品包装材料的加工助剂，规定的预计不保留在成品食品包装材料的成分，且不符合分类排除条件的包装材料。②

（4）成品食品包装材料的组成部分按质量超过5%③，并将在以后发布。

（三）特殊情况定义

根据 40 CFR 1508.4 和 21 CFR 25.21 的规定，如果特殊情况表明所提议的行为可能对环境产生重大影响，FDA 将至少要求对任何通常被排除的行为进行 EA。一种特殊情况是可通过机构或行业赞助方提供的数据显示且基于物质的生产、使用或处理。该机构可获得的数据包括公共信息、提交的信息以及该机构在关于同一或类似物质的其他呈文中收到的信息。

CEQ 定义了"重大"，帮助确定一个行为是否会显著影响人类环境的质量。在评估是否存在特殊情况时，应考虑这一定义，以确保提交至少一个 EA（见附录 E）。可能适用于 CFSAN 行为的特殊情况的例子包括但不限于以下内容：

（1）现有数据表明，在预期的暴露水平下，有可能对环境造成严重危害。

（2）对于在《濒危物种法》或《濒危野生动植物种国际贸易公约》确定的濒危或受到威胁的物种或关键的对环境产生不利影响的行为，或根据某些其他联邦法律有权得到特别保护的野生动植物群的行为。

（3）威胁或违反联邦、州或地方法律或环境保护要求的行为。

（4）由联邦、州或地方环境机构发布的一般或具体的排放要求（包括职业要求），未适当处理的独特排放情况，可能危害环境。

（5）可能对固体废物管理有显著影响的行为，如减少来源、回收利用、堆肥、焚烧和填埋。

（6）涉及从植物或动物中提取的物质，这些物质可能影响源生物或周围生态系统的可持续性，例如对一种栽培作物，如水、能源、农用化学品或土

---

① 根据第 25.32（j）、（q）、或（r）节，对食品生产中使用的某些物质采取的行动可能有资格被排除在外，因为它们被用作永久性或半永久性设备的食品接触面的组成部分，或用于重复使用的另一种食品接触材料的成分，由 EPA 根据 FIFRA 登记，用于提交文件中要求的相同用途，或者是在环境中自然产生的物质。行动不会显著改变该物质、其代谢物或降解产物在环境中的浓度或分布。

② 根据第 25.32（j）、（q）、或（r）节，对食品接触材料生产中使用的某些加工助剂采取的行动可被排除在外，因为这些物质以不超过 5% 的重量存在于成品食品包装中，并通过消费者使用而留在成品食品包装材料，由 EPA 根据 FIFRA 登记为提交文件中要求的相同用途，或者是在提交文件中自然出现的物质。环境和行动不会显著改变物质、其代谢物或降解产物在环境中的浓度或分布。对成品食品包装材料的涂料部分采取行动，可根据第 25.32（i）条的规定，获得绝对排除的资格。

③ 对成品食品包装材料的涂料部分采取行动，可根据第 25.32（i）条的规定，获得绝对排除的资格。

地用途的变化，对资源产生潜在的重大影响；或因采集野生标本而产生的重大影响。

如果 FDA 认定这种特殊情况适用于建议采取的行动，否则将受到绝对排斥该机构将向提交人提供关于该机构建议在 EA 中包含哪些信息的指导意见。

（四）CFSAN 对于准备 EA 的建议

（1）请尽早咨询 CFSAN，以确定最适合您建议的 EA 操作格式，并讨论可能需要的信息的性质和范围。特别重要的是，在进行任何环境测试之前需咨询 CFSAN，以确定是否应该考虑进行测试，如果应该则应考虑哪些测试。在许多情况下，现有信息可用于建立环境记录，以支持拟议的行为。

（2）在进行环境测试时，建议使用称为分层测试的测试排序程序。林业发展局建议使用林业局的《环境评估技术手册》[①] 中的环境结果和影响测试规程，或根据其他组织如 EPA[②] 和经济合作与发展组织（OECD）[③] 发布的经科学验证的方法制定议定书。

（3）任一项目都不应留空，应给予原因说明。FDA 建议对于认为不适用的任何特定项目，请提供一份说明，并解释其不适用的原因。

（4）FDA 建议提供与潜在的环境影响相称的分析水平。例如，如果一种物质的使用和处置预期会导致非常有限的环境暴露，可以选择减少有关该物质的环境归宿和影响的信息。

（5）应该确保 EA 中描述的操作与提交的其他部分中所要求的操作一致，并且它包括提议的操作所允许的使用范围。

（6）应该通过提供来自科学文献、数据库或公司文件等来源的相关数据来支持 EA 中的声明和结论。[④] 不应提出不受支持或实际上无法支持的主张。根据 40 CFR 1500.4 和 1502.21，相关的公开文件应通过参考纳入 EA。在 EA 中应该参考合并的材料并简要描述。

（7）如果分析表明，该机构的行为对环境产生影响有不确定性，或者对环境的影响具有潜在重大意义，FDA 建议说明这一点并确定不确定因素。如

[①] 从国家技术信息服务处获取，5285 Port Royal Road，Springfield，VA 22161（电话 703 - 605 - 6000），编号 PB － 87175345／AS。

[②] 参见 40 CFR 第 796 部分，EPA 的化学消毒测试指南，或 EPA 的污染预防和有毒物质办公室（OPPTS）协调测试指南：835 - 消毒，运输和转换测试指南 http：//www. epa. gov/oppts/home/guidelin. htm. 参见 40 CFR 第 797 部分 EPA 的环境影响测试指南，或 EPA 的 OPPTS 协调测试指南：850 - 生态效应测试指南 http：//www. epa. gov/opptsfrs/home/guidelin. htm。

[③] OECD 的指导方针可以从 OECD 网站上获取，http：//www. oecd. org/

[④] 根据 18 U. S. C. 1905、21 U. S. C. 331（j）或 360 j（C）保护不被披露的数据和信息应分别在提交材料的保密部分提交，并应尽可能在 EA（21 CFR 25. 51）中加以概述。

果存在这样的不确定性，我们鼓励联系 CFSAN 以获得进一步的指导。

在准备 EA 时，要考虑 EA 必须是一个简洁、客观、均衡的文档，它将决定该机构是否需要一个 FONSI 或 EIS，并允许公众了解该机构决定的依据。最后，请注意，FDA 对 EA 的范围和内容负责（40 CFR 1506.5 和 21 CFR 25.40（b））。因此，FDA 将仔细审查 EA，如果不合适的话，将会要求修改或补充。适当的评价是一个包含足够信息的 EA，以使该机构能够确定所提议的行为是否会显著影响人类环境的质量。

四、减少文书工作法

本指南包含的信息收集条款，将由管理和预算办公室（OMB）根据 1995 年《减少文书工作法》（44 U.S.C. 3501 - 3520）进行审查。

完成这一信息收集所需的时间估计为平均 1h 回复一次，包括审查指令、搜索现有数据源、收集所需数据以及完成和审查信息收集的时间。

参考文献

［1］ Snyder, R. C. and Breder, C. V., 1985. The cell used was a double - sided（immersion）glass cell with water, 3% acetic acid, 95% ethanol, and oil at 40℃ and 50% aqueous ethanol at 70℃. This cell is also specified in ASTM D4754 - 87 "Standard Test Method for the Two - Sided Liquid Extraction of Plastic Materials Using FDA Migration Cell." ASTM, West Conshohocken, PA 19428 - 2959.

［2］ Baner, A., Brandsch, J., Franz, R. and Piringer, O., 1996, The Application of a predictive migration model for evaluating the compliance of plastic materials with European food regulations. *Food Additives and Contaminants*, 13（5）, 587 - 601.

［3］ Limm, W. and Hollifield, H. C., 1995, Effects of temperature and mixing on polymer adjuvant migration to corn oil and water. *Food Additives and Contaminants*, 12（4）, 609 - 624.

［4］ Arthur D. Little, Inc., September 30, 1988：High Temperature Migration Testing of Indirect Food Additives. Final Report. FDA Contact No. 223 - 87 - 2162.

［5］ Arthur D. Little, Inc., August 1990：High Temperature Migration Testing of Indirect Food Additives to Food. Final Report. FDA Contract No. 223 - 89 - 2202.

［6］ ASTM E 1511 - 95, Standard Practice for Testing Conductivity Detectors Used in Liquid or Ion Chromatography. ASTM, West Conshohocken, PA 19428 - 2959.

［7］ Cramer, G. M., Ford, R. A., and Hall, R. L. 1978. Estimation of toxic hazard - A decision tree approach. Food Cosmet. Toxicol. 16：255 - 276.

第三章 ┃欧盟关于 FCS 的安全性评价

欧盟非常重视 FCS 的法规和标准制定工作，研究始于 20 世纪 60 年代早期，经过 50 多年的发展，已建成了较为完善的 FCS 的质量安全法规与标准体系，食品接触材料的生产只能使用许可清单内的物质。但是随着科技进步和人们认知水平的提高，许多新材料、新技术和新工艺需推广应用于食品接触材料的生产中，这些物质在使用前必须经过严格的安全性评估程序，评估合格后方能使用。欧盟根据许可、评估和豁免 3 种途径对食品接触材料进行管理控制。以下对欧盟的食品接触材料相关法规和申请使用未许可的物质和扩大使用范围或用量的已许可物质的法规依据进行描述。

第一节　欧盟食品接触材料的相关法规

目前，欧盟 FCS 的法规主要包括框架法规、特殊法规和单独法规 3 种，见图 3-1[①]：

1. 框架法规

目前的框架法规包括（EC）No.1935/2004 和良好操作规范（EC）No.2023/2006。

为有效规范欧盟市场内拟与食品直接接触或间接接触的材料和制品，为高水平保护人类健康和消费者权益提供可靠基础，欧盟于 2004 年发布了（EC）No 1935/2004 指令。（EC）No.1935/2004 指令取代了先前实施的 80/590/EEC 和 89/109/EEC 指令，在内容上继承并发展了以往法规。该指令要求，拟与食品直接接触或间接接触的材料或制品必须按照良好生产规范（GMP）生产，在正常和可预期的使用条件下，从材料或制品中迁移到食品的量应达到以下条件：

（1）不足以危害人类健康；

---

① 姜婷. 欧盟食品接触性活性和智能材料及物品新规（（EC）No 450/2009）解读［J］. 标准科学，2010，（1）：94-96.

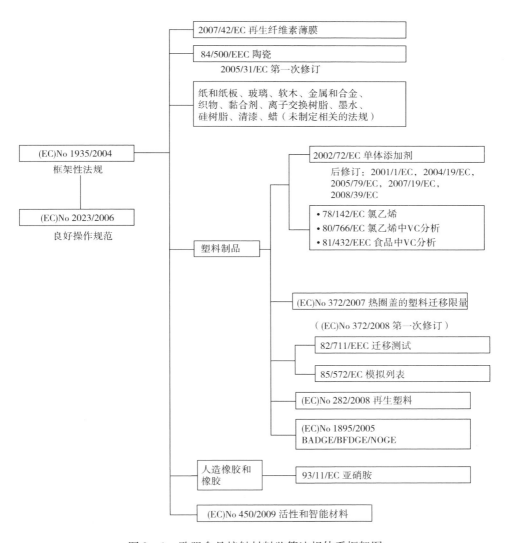

图 3-1　欧盟食品接触材料监管法规体系框架图

（2）不会带来食品成分不可接受的改变；

（3）不会引起食品感官特性的劣变。按照该规定，授权欧洲食品安全局（European Food Safety Authority，EFSA）负责物质申请使用的评估，然后由欧盟委员会批准，以指令形式发布。对于暂时不能成为欧盟层面指令的食品接触材料和制品，可由部分成员国协商一致形成《部分成员国决议》（Partial Agreement Resolution，简称 ResAP），ResAP 也属于欧盟的一种正式文件。该指令对 FCS 的管理范围、安全要求、评估机构等作了规定。法规对包括活性及智能型物质、黏着剂、陶瓷、软木塞、橡胶、玻璃、离子交换树脂、金属及合金、纸及纸板、树胶、影印墨水、再生纤维素（如人造丝或玻璃纸）、硅化物、纺织品、油漆、蜡、木头 17 类材料及制品制定专门的管理要求，包括生产食品接触材料允许使用物质名单、质量性能标准、暴露量资料、迁移量资料、检验和分析方法等。

（EC）No. 2023/2006 法规主要关于食品接触材料和制品的良好操作规范，法规要求食品生产企业应具有良好的生产设备，合理的生产过程，完善的质量管理和严格的检测系统，确保最终产品的质量符合法规的要求。（EC）No. 2023/2006 适用于所有的食品接触材料，针对食品接触材料的特点对生产厂家的厂房设备、环境、人员、卫生管理/控制等方面做出具体规定，是食品加工企业必须达到的最基本的条件，是发展、实施其他食品安全和质量管理体系的前提条件。

2. 特殊法规

规定了框架法规中列举的每一类物质的特殊要求，目前欧盟针对陶瓷、再生纤维素薄膜、塑料物质、接触食品的活性和智能材料 5 类物质制定了 84/500/EEC、93/11/EEC、EU 10/2011 和（EC）No. 450/2009 共 4 项特殊法规。

84/500/EEC 规定了与各类食品不同接触形式的陶瓷制品中铅和镉可能发生的迁移，这些陶瓷制品拟以成品状态与食品接触，或者已经向食品接触。93/11/EEC 规定了再生纤维素薄膜的范围、加工中允许使用的物质及使用要求。EU 10/2011 法规对欧盟关于塑料类的食品接触材料相关法规做了统一汇总，取代原有的 2002/72/EC 法规，于 2011 年 5 月生效。（EC）No. 450/2009 规定了用于食品接触性的活性和智能材料的使用要求，在包装上需要加贴标识和需要作出符合性声明。活性材料指能延长食品的货架期或改善食品包装内环境，故意设计用来吸收某些被包装的食品吸收或释放的物质，或包装内环境的物质。智能材料是指对包装内食品的情况或包装内的情况起监控作用的物质。

3. 单独法规

根据单独的某一种物质的特殊需要做出有针对性的规定。目前，欧盟针对氯乙烯单体、亚硝基胺类、环氧衍生物分别制定了单独法规。

第二节　FCS 在获得批准前提交的安全评估申请

食品科学委员会的指导方针：在获得批准前提交的安全评估申请（Guidelines of the Scientific Committee on Food: for the presentation of an application for safety assessment of a substance to be used in food contact materials prior to its authorisation）（2001 年 12 月 13 日更新）中提出，对于食品接触材料用的新物质的申请需提交的资料包括两部分：

（1）非毒理学资料　包括物质特性、物理化学、预期的用途、其他国家或国际组织的授权情况、迁移实验和分析方法及残留数据等；

（2）毒理学资料　该指导方针包括的两部分，具体见以下提供的引言和资料。

一、引言

食品接触材料的普遍问题是由其中可以迁移到所接触的食品中的物质引起的。因此，为了保护消费者健康，必须对这些可以迁移到食物中的成分在口腔暴露中引起的潜在危害进行评估。

为了确定迁移物质摄入的安全性，需要将表明潜在危害的毒性数据和可能的人体暴露数据两者结合在一起。然而，委员会意识到，不容易获得食品接触材料中所用的大多数物质的人体接触数据。因此，委员会将继续使用迁移到食品或食品模拟物中的实验研究数据，并且出于谨慎的考虑，移民到食物或食物模拟的研究数据，出于谨慎的考虑，每人日均消耗的可接触相关的食品接触材料的估算值继续沿用 1kg 的量。委员会认识到，有关食物消费因素的研究正在进行中，这些研究可能会最终用于更准确地估计摄入量。

这些指南取代 SCF 第 26 次系列报告中公布的指南①。指定本订正指南目的是为了向申请人提供关于数据要求范围的指导，后者取决于可能迁移到食品的范围，并促使 SCF 能够用于评估在申请报告中作为食品接触材料使用的任何物质。

但应当指出的是，这些指南在应用或者解读时不应过于严格。例如，由于申请人知晓所申请物质的身份、使用目的和潜在的暴露资料，以及该物质适用的数据库，申请人可能会与该指南有偏离，则需在申请中提供有效的、科学的依据。另一方面，申请人应提供所有与 SCF 进行的评估有关的现有数据。在任何情况下，如果提交的资料不明确或需要进一步调查，SCF 可要求补充额外的数据。

---

① SCF 在 2000 年 11 月 22 日在其第 124 次全体会议上采用修订后的指南（参考文件 SCF/CS/PLEN/GEN/90 最终版）。2001 年 12 月 13 日，在第 130 次会议上，委员会更新了这些该指南的修订版本，将一部分生物杀虫剂内容纳入。该次更新还对毒理学数据的表现进行了协调，委员会在 2001 年 7 月 11 日第 128 次全体会议上采用了一些核心研究以及指南中与食品添加剂有关的一项研究（文件《食品科学委员会提交的关于食品添加剂评价的指南》，参考文献 SCF/CS/ADD/GEN 26）。

作为一般原则，通过迁移形成的暴露量越大，所需要的毒理学信息就越多。

（1）在高迁移量情况下（即 60mg/kg 食品），需要大量的数据集来确定安全性。

（2）如果迁移量在 0.05 至 5mg/kg 食品之间，可以减少对数据集的要求。

（3）在低迁移量（即 <0.05mg/kg 食品）的情况下，只需要有限的数据集。

在确定所需数据集的适当范围时，迁移数据不应被视为绝对限定值，而应作为指示性限定值。

应当指出的是，这些指南未考虑食品接触材料移交废物处理中心处理后的任何环境方面因素，例如在环境中的持久性、其组成部分的生态影响及环境行为。

二、需要与食品接触材料和物件中所需使用的物质申请一同提供的资料

对于所提到的任何文件，均应参考最新版本。例如，如果提到了一项指令，那么应该只考虑最新的修订版本。

必须提交对任何偏离"SCF 指导方针"的解释。

1. 物质特性

物质名称及所有相关信息、杂质及其分解和反应产物的名称和所有相关信息。

2. 物质的物理和化学性质

有关物质、分解和反应产物的所有相关的物理和化学信息。

3. 物质的预期用途

关于该物质的预期用途的陈述。

4. 物质的微生物学性质

有关物质微生物学特性的所有相关信息。

5. 该物质的授权信息

关于在欧盟成员国和其他国家，如美国、日本使用该物质的信息。

6. 关于该物质的迁移数据

为了估计物质每日可能摄入量的最大值，在可行的情况下，该物质的杂质、分解产物和反应产物信息可以给出了这些物质在食物中的本身浓度的信息。或者，在标准条件下或者在最坏的情况下，物质迁移到食品模拟物的迁移测试信息。如果已知来自其他非食品接触材料来源的暴露估计值，应将其包括在内。

7. 食品接触材料中物质残留量的数据

食品接触材料中残留物质含量的所有相关信息。

8. 毒理学数据

（1）一般要求 食品接触材料中的物质必须提供的毒理学研究的一般要求如下。应该承认，不是所有用于制造食品接触材料的化学物质都会迁移到食物中。许多化学物质会形成稳定的聚合物，一些只有微量的迁移，如果发生迁移的话，其他的将在生产过程中消失，而另一些则会完全分解而不产生残留或者产生微乎其微的残留。当许多物质以相同的化学形式迁移到食物接触材料中时，其他物质将部分或全部迁移到另一种化学形态中。在这种情况下，毒理学要求也适用于转化产物或反应产物。

（2）核心集 核心测试集包括：

① 3 项体外遗传毒性试验：

a. 细菌基因突变的试验

b. 体外哺乳动物细胞基因突变试验（最好是小鼠淋巴瘤细胞 TK 基因突变试验）

c. 体外诱导哺乳动物细胞染色体畸变试验

②90 天经口毒性研究，通常在两个物种中进行

③吸收、分布、代谢和排泄的研究

④关于某个物种的生殖毒性和通常在两个物种中进行的发育毒性的研究

⑤慢性毒性/致癌性的研究，通常在两个物种中进行

这些研究应根据欧盟或 OECD 的现行指南进行，其中包括"良好实验室规范"。

职业暴露人群的健康信息将被视为有用的辅助信息。

（3）降低要求的核心集

在某些情况下，可能不需要提供核心测试集，而只要求提供下面所示的测试。

①迁移量在 0.05～5mg/kg 食品/食品模拟物的情况下，必须提供以下数据：

a. 3 项体外遗传毒性试验

b. 90d 经口毒性研究

c. 证明对人类没有潜在蓄积性的数据

②迁移量低于 0.05mg/kg 食品/食品模拟物的情况下，必须提供以下数据：

核心集提到的 3 项体外遗传毒性试验

（4）特别调查/补充研究

如果上述研究或先验知识或结构上的考虑表明，有其他生物的影响，如

过氧化物酶体增殖、神经毒性、免疫毒性和内分泌事件可能发生，则需要进行额外的研究。

目前还没有有效的方法可用于实验室动物的研究，这种研究将有助于评估某种物质在易感人群口腔暴露后引起不耐受和/或过敏反应的可能性。

然而，皮肤或吸入过敏研究可以给出职业暴露可能存在的危害相关的信息，也可以在评估消费者的安全方面提供帮助。

在某些情况下，特别是与用于食品接触材料的物质的化学性质有关的情况下，可以将为安全性评价和风险评估提供的常用测试修改如下。

①可水解的物质：如果物质的化学结构已经表明，该物质在食品和/或胃肠道内存在水解作用，并且水解产物已经进行过毒理学评估，则其水解率和水解完全性将决定评估所必需的毒理学测试的范围。尤其是，它将取决于这些参数。未水解的物质是否也需要被包含在测试程序中则将取决于该物质水解研究的结果。

②聚合物添加剂：由于仅分子质量小于 1000D 的物质被认为是存在相关毒理学效应的，M_w 小于 1000D 的聚合物添加剂和大于 1000D 的聚合物添加物之间存在差别。对于那些 $M_w > 1000D$ 的聚合物添加剂，只需要降低要求的核心数据集就可以了。在决定需要哪些数据时，需要考虑可用的相关单体数据、分子质量分数低于 1000D 的比例、添加剂在塑性物质中的比例。

③食品/食品配料：这些可以用作单体，作为起始物质或添加剂的物质，只需要提供第 1 节和第 3 节中要求的数据。

④食品添加剂：SCF 已经评估过的那些物质，在初审时只需要提供第 1 节、第 3 节和第 6 节中要求的数据。

⑤生物杀虫剂：杀菌剂，在将要用于与食品接触的材料中时，需要额外考虑于食品接触材料中使微生物降低活性的物质。申请人应提供证据表明，任何向食品中的物质迁移行为不是有意为之的，而是偶然的；使用该物质对食品没有任何防腐作用；不允许在敏感的微生物中产生杀菌剂的抗性。

申请人还应提供证据证明该物质不用于减少食品处理所需的正常卫生措施。

第三节　食品接触材料指导说明

食品接触材料指导说明（NOTE FOR GUIDANCE）（2008 年 7 月 30 日更新）共分为 5 个部分具体内容如下所述。

此文件由文件汇编而成此文件的目的：

（1）为物质许可之前安全评估申请提供指南。

（2）为需要再评估的物质提供指南。

（3）为附有特定要求的技术文件的提交提供指南。

（4）解释 AFC 小组对 SCF 列表中物质分类的采用条例。

关于各章文件的概要及重点内容如下所述。

（一）第 I 章 EFSA 关于食品接触材料 SCF 指南的行政指导

本章主要是 EFSA 关于食品添加剂、调味品、加工助剂和与食品接触的材料科学小组（Scientific Panel on food additives，flavourings，processing aids and materials in contact with food，AFC）如何提出评估和后续的行政规定（简称：EFSA 行政指导）。

1. 前言

食品接触材料中物质许可的一般程序见（EC）1935/2004[①]第 8 - 12 条（框架规定）。

此文件由 EFSA 合作委员会拟定，以解释：

（1）申请者对物质再评估需要进行评估的行政程序中遇到的实际问题；

（2）后续要求。

"申请"指公司提出正式申请要求以获得评估或者申请由 EFSA AFC 小组对物质再评估以改变其分类或限制。

此文件主要涉及食品接触材料中的塑料。不过也可能应用于其他食品接触材料中物质的评估（如再生纤维素膜、橡胶等）。

一份申请一般由以下独立文件组成。

（1）请求物质评估或再评估的文件。范本见附录八和附录九；

（2）按照 SCF 指南和 AFC - FCM - 解释文件要求编写的技术报告；

（3）一份申请数据概要表（P - SDS）。见附录十九。

每份文件都需按要求提供以备 EFSA AFC 小组审查，以免造成耽误。

文件应以快递方式递交，不接受邮件申请。

2. 物质评估

（1）新物质评估　任何人都可以向任一成员国的主管机构递交新物质申请，以使其通过欧盟指令、法规或决定，成员国主管机构目录清单见附录七。对于产地不是任一欧盟成员国的物质，也需递交物质申请。提交的技术材料包括新物质评估申请表 N°1、申请数据概要表（P - SDS）及一份提供所有信

---

① 欧洲议会和理事会（EC）No 1935/2004 法规（2004 年 10 月 27 日）关于拟于食品接触的材料和制品 OJ No L 338/4，13. 11. 2004

息摘要和技术报告的文件。应提交纸质和相应的电子材料，电子材料应存储在标准的只读光盘中。

电子版本要和纸质内容相同。文档格式为"MS Word"或"Adobe Acrobat Reader"。文件可被标准的软件搜索工具检索。P – SDS 表必须是 Word 格式，便于 EFSA 工作。

CD 盒上要做上标签。标签信息含：物质名称，备案号（确定时），公司，提交日期和 CD – ROM 号（若多个，按#/#编号）。

每个光盘中均应含文件目录清单，列有文件名和对应的内容，及其所存储在 CD – ROM 的位置，且该文件清单应打印出来和 CD – ROM 放在一起。

除此之外，申请者还需提供另一套版本的 CD – ROM，该版本不含保密信息。任何申请者依据法规（EC）No 1935/2004 第 19 条向 EFSA 申请，均可查阅此 CD – ROM 上的信息。

申请者需额外提供最少三份纸质和电子副本材料给 AFC 工作组秘书处或成员国，也可能需要将其汇到其他地址。

技术资料应包括 SCF 指南要求的文件，和以下两种文件：

①AFC – FCM – WG 说明指导文件（详见本章（三））；

②委员会解释说明文件（详见本章（四））。

若特殊物质提供这些文件也不足以包含足够的数据信息，申请者应向 EFSA 寻求帮助。由于可能还需要 AFC – FCM – WG 的指导，建议只有当物质或一组物质有特殊考虑时才申请向 EFSA 寻求帮助。此程序会有一定的时间耽搁（一般 2 – 6 个月）。

（2）物质再评估　适用再评估的三种情况：

①评估阶段，EFSA 可能会要求申请者提供进一步的信息。这些附加的测试信息应由申请者采用物质再评估范本 N°2 提供。

②申请者对 SCF 清单中现有物质的分类持有更多的信息，并确信附加资料会允许该物质的不同分类或限制。

③新的申请者掌握了物质更多的信息，并确信附加资料可以使物质有不同的分类。依据（EC）No 1935/2004 法规 21 条，新的申请者可以向委员会和欧盟专业组织请求原申请者数据共享。如果获批，申请者可以提交有所有相关组织签字的纸质同意书和新的数据以申请物质再评估，新的数据采用物质再评估范本 N°2。如果原申请者和新申请者无法就共享的数据达成一致意见，新申请者需提交所有的数据申请再评估，数据也是采用物质再评估范本 N°2。

任何情况下，申请者必须根据最新版本的指南要求提交材料。特别是距 SCF 或 EFSA 评估物质的最后期限多于四年的，很有可能物质安全评估手段发生了变化，需要提供其他或不同的数据，以前的一些数据反而不是必须的。如果有疑问，可以向 EFSA 咨询。

申请者需向国家主管机关提交物质再评估的申请，技术材料包括表 N°2、申请概要数据表（P - SDS）和含所有信息总结和技术附件参考的技术报告。所有材料均需提交纸质和电子材料，电子材料储存在标准的只读光盘中（CD - ROM）。

申请者需提供三份纸质和电子副本材料给 EFSA 的 AFC 工作组秘书处联系人。

为了避免评估中的误区或耽误，申请者在物质再评估中可以遵循如下实用建议：

①用一个全新的完整的概要数据表（P - SDS）代替以前的数据表，新的数据要用黑体或彩色字体或彩色背景等标出。

②技术文件仅包含 EFSA 关注的新数据。

③除了表 N°2，还需提供申请再评估的简要理由。

（3）提供所需文件的清单

为了编写有效文件以便 AFC 工作组评估，申请者需附上如下文件的清单。

①模板：评估采用表 N°1，再评估采用表 N°2。

②申请评估的背景介绍（仅再评估需要）：申请再评估理由可以选择性在表中给出。

③P - SDS：总结所有数据的文件，机密信息适当标出，若是再评估新数据也要标出；P - SDS 的每部分都要附上参考技术附件；提供可验证的理由来解释被标记为机密信息的披露将极大损害申请者的竞争地位。

④技术附件：必要的技术信息，如科学推理、实验报告、参考文献。

⑤附件目录：目录要包含每个附件的内容和 SDS 对应的位置，例如附录七。

⑥包含完整信息的 CD - ROM：CD 上有所有硬拷贝信息；P - SDS 表以 Word 格式提供。其他文件以 Word 格式或 Adobe Acrobat 格式提供。CD 盒上附上合适的标签。标签上内容：物质名称、备案号（若已知）、公司、递交日期和 CD - ROM 号（若多个，按光盘#/#编号）。每个光盘中均有一个文件目录列出光盘中所有文件的名称和对应内容，且应打印出来和 CD - ROM 放在一起，该文件可以清晰地表明不同文件的存储位置。

⑦仅含非机密信息的 CD - ROM：此光盘中仅含申请人界定为非机密的信息。依据法规（EC）No. 1935/2004 中 19 条任何人可以申请获得这些信息。

（4）申请书的跟进

①确认收到申请书：主管机关收到申请的 14d 内出示收到申请的确认书，

收据上标明收到申请的日期。

②申请书递交 EFSA：主管机关将及时通知 EFSA 申请信息，并将申请人提供的申请信息和任何补充信息都递交给 EFSA。

③向欧盟委员会和成员国提供的信息：EFSA 将及时通知成员国和欧盟委员会申请信息，并将申请人提供的申请信息和任何补充信息都递交给他们。

④申请书接收的行政确认（＝AAP）：EFSA 收到申请书并进行处理后，申请人收到申请接收的确认函，上面有分配的物质备案编码、涉及的文件备案号及委员会分配的官方名称。参考备案编码和官方名称便于将来和任何成员国和 EFSA 沟通。确认函上对申请是否符合指南要求予以说明（申请行政接受＝AAP）。如果申请不符合要求，申请人需进行适当修改（申请人收到行政否决书）。需要注意的是，如果申请者提交的电子材料未包含全部材料的话就会收到行政否决书。收到行政接受单并不意味着提供的证明文件必然全符合 SCF 指南和本文件中的指导。EFSA 保留要求提供必要的额外信息的权利以对物质的完全评估。需要强调的是，和 SCF 指南或 CEF－FCM－WG 有偏差的地方必须在技术报告和申请概要数据表中进行调整。

⑤CEF 工作组评估：每次会议以后，取代 AFC 工作组进行评估的 CEF 工作组将给出所有评估意见，意见可通过以下网址公开获得：

http：//www. efsa. europa. eu/EFSA/ScientificPanels/CEF/efsa ＿ locale －1178620753812_OpinionsCEF. htm

⑥技术档案检查时间：根据法规（EC）No 1935/2004，EFSA 需在收到有效申请的 6 个月内给出意见：物质是否在材料使用的特定条件下或，参考的条款是否符合框架规定第 3 条和第 4 条规定的安全标准。

EFSA 可将最长的期限延长至 6 个月，但需向申请者、委员会和成员国提供耽搁的理由。

如果 EFSA 要求申请者在一定期限内补充资料，那么补充信息期间 EFSA 的回应期限暂时中止，这样可以允许申请人有时间准备口头或书面解释。

⑦公共访问请愿书：依据法规（EC）No 178/2002 及法规（EC）No 1049/2001，公共访问请愿书一旦授权，应可以获得申请者的补充信息和权威机关的意见，但不能获取保密信息。

申请者应提供 2 个版本的 CD－ROM。1 个版本包括和硬拷贝一样的所有信息，1 个版本包含 P－SDS 和所有除了保密部分的技术材料附件。

委员会和成员国可以获得所有的信息，但必须对申请者的工商业信息保密。

委员会和申请者磋商后，确定应作为保密信息的部分，但以下信息不能确定为保密部分。

a. 申请者名称和地址，物质的化学名称。

b. 直接与物质安全性评估相关的信息。

c. 分析方法。

必须提供可验证的理由来解释为什么披露视为机密的信息将损害申请者的竞争地位。

⑧ 范本：为了加快申请进程，申请者应始终采用本章附录八和附录九的范本。

建议申请者在向会员国主管机关递交的申请书上注明，应将整份材料传送到 EFSA CEF 工作组，正如法规（EC）No 1935/2004 第 9 条中提到的一样。

（二）第 Ⅱ 章食品接触材料 SCF 指南

该章为《关于应用于食品接触材料中物质授权前申请进行安全评估的指南》（2001 年 12 月版本），主要介绍食品接触材料指南注意事项。

由于食品接触材料中的物质可迁移至与之接触的食品中，引起食品安全问题，因此为了保护消费者，有必要对可迁移至食品中的化学成分进行经口暴露的潜在风险评估。

为了获得迁移物质的安全摄入量，需结合表明潜在风险的毒理数据和人体暴露数据。不过欧盟委员会意识到，食品接触材料中的大部分物质对人体的暴露数据并不容易获取，因此委员会继续采用食品或食品模拟物迁移量。谨慎起见，委员会主张每人每天消费 1kg 与食品接触材料相关的食品，随着食品消费因子的研究，将获得更加精确的摄取量。

这些修订后的指导为申请食品迁移程度的数据范围提供了指南，这使得 SCF 可对拟应用于食品接触材料中的任一物质进行评估。

需要注意的是，这些指导不要生搬硬套。举个例子，如果申请者已经有申请物质特性、暴露该物质的潜在风险及可查数据库等资料，则不用考虑指导意见只需在申请中提供有效的科学的解释。换句话说，申请者需提供所有可用的相关资料以便 SCF 进行评估。所有情况下，如果递交的资料模棱两可或需要进一步研究，SCF 可能会要求提供附加资料。

一般来讲，迁移量越大，需提供的毒理数据资料越多。

（1）迁移量比较高时（如 5～60mg/kg 食品），需提供大量的数据资料以建立安全值；

（2）迁移量为 0.05～5mg/kg 食品时，简单的数据资料就足够；

（3）低迁移量（如 < 0.05mg/kg 食品），仅提供有限的数据资料。

确定合适的资料收集要求，不应绝对依据迁移值，但可以把迁移值作为参考。

需要注意的是，指南不包括对环境方面的任何考虑，如环境中的持久性，其成分的生态影响，及食品接触材料经过废物处理后的去向等。

（三）第Ⅲ章食品接触材料 SCF 指南的 AFC – FCM – WG 说明指导

该文件为申请者关于应用于食品接触材料中物质授权前申请进行安全评估提供帮助。SCF 指南（第Ⅱ章）通过给出所需数据更详细的描述，解释了需要提供的信息。

所有数据应按照本文件中要求的顺序提供，要求不管第二列中填写"是""否""不适用""无信息"还是"不相关"等，第一列要求的数据始终要提供。

以下的版面编排实际上是 P – SDS 必须遵循的格式（这是为什么表格中包含 Ref 的原因），为技术报告中应包含的信息提供了解释。

为准备申请概要数据表（P – SDS）的文件详见本章附录六，该文件为独立文件，含需要在技术附件里提供所有信息的概要和这些技术附件的参考位置。例如：测定迁移的分析方法应提供概要，迁移结果则以平均值和标准偏差表示。这些信息可从数据表格中获得是充分的。也要提供技术附件的参考位置说明迁移方法和实际迁移测试。

申请再评估时需提供新的（完整的）P – SDS，其中增加的或修改的信息应标记为新信息。

任意和《CEF – FCM – WG 指南说明》有出入的地方必须在技术报告和 P – SDS 中给出解释。

需要注意的是，因为迁移测试是从属于欧盟指令的，所以迁移测试具体的指南由委员会依据职责给出。指南未在文件这一部分中，但是已经被插入到文件《关于食品接触材料迁移测试的委员会解释指南》（见本节（四）第Ⅳ章）。CEF 工作组将核查递交的技术报告数据是否符合上述指南，及是否与本文件建立的标准一致。

为了透明，EFSA 网站将会公布文件摘要和评估结果。然而文件中可能含有诸如生产工艺等机密信息，因此重要的、机密的公司资产信息应当清楚地标出，这样这些标注信息将不会被披露（详见本节（一）第Ⅰ章）。

不管涉及什么文件，都只需要考虑它的最新版本。例如，文本或文献目录中出现了某个参考指令，若期间指令被修订，那么就需要考虑修订后的版本。

所需提供数据的说明：

1. 物质特性

1.1 单个物质

填"是"或"否";

若"否",从 1.2 开始填写;

若"是",尽可能完善 1.1.1—1.1.11 信息;

1.1.1 化学名称

填写物质的化学名称;

1.1.2 别名

如果有,填写别名;

1.1.3 商品名

如果有,填写商品名;

1.1.4 CAS 号

如果有,填写 CAS 号;

1.1.5 分子和结构式

填写分子和结构式;

1.1.6 分子质量

填写分子质量;

1.1.7 光谱数据

填写可以鉴定物质的光谱数据,如 FTIR、UV、NMR 和/或 MS;

参考:

1.1.8 生产情况

填写生产工艺,包括初始物质、生产控制和工艺再现性;

如果掌握其他生产工艺和可使用的产品,也要填写,并指出产品是否具有相同的特性。

参考:

1.1.9 纯度(%)

填写纯度百分比;

填写纯度是如何确定的,提供文件证明(如色谱图);

该物质纯度将会被评估。

参考:

1.1.10 杂质(%)

填写:

杂质成分和特定范围;

杂质来源(如起始物质、副反应产物、分解产物);

各杂质水平;

提供测定杂质的分析方法和证明文件(如色谱);

若杂质存在问题,则这些杂质的迁移和/或毒理数据需要提供,技术参数由官方确定。

1.1.11　技术参数

适当的时候，提交一份包括技术参数的报告（如纯度、性质、杂质百分比，应用聚合物的种类……）；

1.1.12　其他信息

列出任何可能与评估相关的信息

1.2　确定的混合物

填写"是"或"否"；

若填写否，从 1.2 开始填写；若填写"是"，尽可能完善 1.2.1—1.2.13 的信息（如同分异构体）；

该部分只涉及"过程混合物"，即可重现过程中得到的混合物且易测定其具体组成；

该部分不考虑"合成混合物"，即由个别确定化合物合成的混合物；

参阅文件中"实用指南"的解释。

1.2.1　化学名称

如果有，填写混合物的化学名称；

1.2.2　别名

如果有，填写别名；

1.2.3　商品名

如果有，填写商品名；

1.2.4　CAS 号

如果有，填写 CAS 号；

1.2.5　成分

列出混合物成分的化学名称；

1.2.6　混合物比例

列出混合物中各物质比例；

参考：

1.2.7　分子和结构式

列出每个组分的分子和结构式，包括同分异构体；

1.2.8　分子质量和范围

填写分子质量（平均分子质量）和分子质量范围；

参考：

1.2.9　光谱数据

填写可以鉴定混合物的光谱数据，如 FTIR、UV、NMR 和/或 MS；

参考：

1.2.10 生产情况

填写生产工艺，包括初始物质、生产控制和工艺再现性；

如果掌握其他生产工艺和可使用的产品，也要填写，并指出产品是否具有相同的特性。

参考：

1.2.11 纯度（％）

填写纯度百分比；

填写纯度是如何确定的，提供文件证明（如色谱图）；

该物质纯度将会被评估。

参考：

1.2.12 杂质（％）

填写：

杂质成分和百分比范围；

——杂质来源（如起始物质、副反应产物、分解产物）；

——各杂质水平；

——提供测定杂质的分析方法和证明文件（如色谱）；

若杂质存在问题，则这些杂质的迁移和/或毒理数据需要提供，技术参数由官方确定。

参考：

1.2.13 技术参数

适当的时候，提交一份指令中包括技术参数的报告；

参考：

1.2.14 其他信息

列出任何可能和评估相关的信息

参考：

1.3 非确定混合物

填写"是"或"否"；

若填写否，从 1.4 开始填写；若填写"是"，尽可能完善 1.3.1—1.3.16 的信息；

非确定混合物可能随着批次的变化而改变，但含有特定规格的确定组分；来源于天然原料的产品是非确定混合物的典型例子，其组成取决于起始原料、气候和处理方法，工艺过程如乙氧基化、环氧化或加氢也会产生大量的单个组分。非确定混合物可用的最好规格应该报请授权。

1.3.1 化学名称

尽可能给出完善的描述；

1.3.2 别名

如果有，填写别名；

1.3.3 商品名

如果有，填写商品名；

1.3.4 CAS 号

如果有，填写 CAS 号；

1.3.5 起始物质

列出生产混合物的物质或原材料

1.3.6 生产情况

填写生产工艺：生产控制和工艺再现性；

如果掌握其他生产工艺和可使用的产品，也要填写，并指出产品是否具有相同的特性。

参考：

1.3.7 成形物质

列出工艺过程中形成的物质；

参考：

1.3.8 纯化

列出最终产品的纯化细节；

参考：

1.3.9 副产品

如果有，给出副产品的定性和定量信息；

参考：

1.3.10 分子和结构式

列出分子和结构式；

对于非确定混合物，这个信息可能会比较复杂。若有的话，某些情况下，可描述为如有脂肪酸的"天然来源油"和进一步的处理方法。

1.3.11 分子量和范围

填写分子量（平均分子质量）和分子质量范围；

参考：

1.3.12 纯度（%）

填写纯度百分比；

填写纯度是如何确定的，提供文件证明（如色谱图）；

该物质纯度将会被评估。

参考：

1.3.13 杂质（%）

填写：

　　——杂质成分和百分比范围；

　　——杂质来源（如起始物质、副反应产物、分解产物）；

　　——各杂质水平；

　　——提供测定杂质的分析方法和证明文件（如色谱）；

若杂质存在问题，则这些杂质的迁移和/或毒理数据需要提供，技术参数由官方确定。

参考：

1.3.14　光谱数据

填写可以鉴定混合物的光谱数据，如 FTIR、UV、NMR 和/或 MS；

参考：

1.3.15　技术参数

适当的时候，提交一份指令中包括技术参数的报告；

参考：

1.3.16　其他信息

列出任何可能和评估相关的信息

参考：

1.4　用作添加剂的聚合物

填写"是"或"否"；

若填写否，从 2 开始填写；若填写"是"，尽可能完善 1.4.1 至 1.4.19 的信息；

聚合物添加剂指的是任何聚合物和/或预聚物和/或低聚物，添加在塑料中是为了工艺效果但不能用以成品和制品的生产。聚合物添加剂还包括聚合反应中加入的高分子物质。

1.4.1　化学名称

如果有，填写物质的化学名称；

1.4.2　别名

如果有，填写别名；

1.4.3　商品名

如果有，填写商品名；

1.4.4　CAS 号

如果有，填写 CAS 号；

1.4.5　起始物质

列出单体和/或其他起始物质；

1.4.6　生产情况

填写生产工艺：生产控制和工艺再现性；

如果掌握其他生产工艺和可使用的产品，也要填写，并指出产品是否具有相同的特性。

参考：

1.4.7 添加剂

如果有，列出使用的添加剂

1.4.8 聚合物结构

给出聚合物的结构

1.4.9 重均分子质量（M_w）

填写重均分子质量

参考：

1.4.10 数均分子质量（M_n）

填写数均分子质量

参考：

1.4.11 分子质量范围

填写分子质量范围，分布曲线包括：

分子量分布曲线（见下图），由 GPC 或其他协定方法得到。

——GPC 标准应包含相同聚合物的标品，分子量由适当的方法准确测定（分子质量为 1000 D 左右）。测定重均分子质量和数均分子质量。

——如果没有标品，则采用聚苯乙烯标品。重均分子质量和数均分子质量的绝对值采用适当的方法测定。GPC 分子质量分布曲线的横坐标由以下因子校正：

M_n（绝对值） M_w（绝对值）

或

（GPC/PS）（GPC/PS）

在分子质量分布曲线图上（依据以上提到的指南测定）确定与横坐标 1000 D（真值）一致的点：确定分子质量 <1000 D 的聚合物添加剂百分比。

参考：

1.4.12 分子质量 <1000 的成分（%）

列出分子质量 <1000 的成分百分比

1.4.13 黏度

如果有，给出固有黏度和/或相对黏度

参考：

1.4.14 熔体流动指数

如果有，给出熔体流动指数

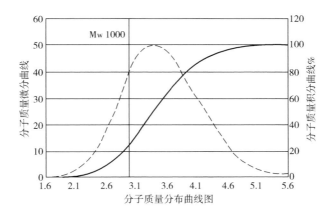

分子质量分布曲线图

参考：

1.4.15　密度（g/cm³）

如果有，给出密度

参考：

1.4.16　光谱数据

填写可以鉴定混合物的光谱数据，如 FTIR、UV、NMR 和/或 MS；

参考：

1.4.17　残留单体（mg/kg）

列出各单体及单体含量。参加该表中第 6 项。

参考：

1.4.18　纯度（%）

填写纯度百分比；

填写纯度是如何确定的，提供文件证明（如色谱图）；

该物质纯度将会被评估。

参考：

1.4.19　杂质（%）

填写：

——杂质成分和百分比范围；

——杂质来源（如起始物质、副反应产物、分解产物）；

——各杂质水平；

——提供测定杂质的分析方法和证明文件（如色谱）；

若杂质存在问题，则这些杂质的迁移和/或毒理数据需要提供，技术参数由官方确定。

参考：

1.4.20 技术参数

适当的时候，提交一份指令中包括技术参数的报告；

参考：

1.4.21 其他信息

列出任何可能和评估相关的信息

参考：

2. 物质的物化性质

2.1 物理性质

2.1.1 熔点（℃）

填写熔点。

2.1.2 沸点（℃）

填写沸点。

2.1.3 分解温度（℃）

如果有，给出分解温度。

参考：

2.1.4 溶解度（g/L）

列出溶剂中的溶解度。

如果有，列出溶剂和食品模拟物中的溶解度。

如果迁移测试中用挥发性模拟物取代油脂类食品模拟物，那么需要提供这两者中的溶解度。

至少需要提供溶解度的半定量估算以确定替代溶剂是否可行。溶解度可用 g/L 表示，也可用如易溶、可溶、微溶、难溶或不溶等等表示。溶解度的比较可能是影响迁移的因素之一，因此这里要提供不同的溶解度。

参考：

2.1.5 正辛醇/水分配（log Po/w）

如果有，列出分配系数。

下列情况下，必须提供信息：

——迁移值 > 0.05mg/kg/食品或食品模拟物；

——物质受脂肪（消费）换算系数（FRE）支配。

若迁移值 > 0.05mg/kg，要提供人体内蓄积情况。

logPo/w 值可用以确定提供附加数据。

亲脂性物质可被标记以适合用于 FRF，需提供合适的证据证明物质的亲脂特性。logPo/w 是鉴定亲脂物质的三种方法之一，其他两种如下：

1. 非脂肪类模拟物迁移值不超过物质 SML 的 1/10，或

2. 非脂肪类模拟物中的溶解度低于 SML 的 10%。

参考：

2.1.6　和亲脂性相关的其他信息

填写其他相关的信息

参考：

2.2　化学性质

2.2.1　性质

填写"酸性""碱性"或"中性"。

2.2.2　反应

列出主要物质的反应信息

2.2.3　稳定性

列出主要物质在聚合物中对光、热、湿度、空气、电离辐射、氧化反应等的稳定性情况。

给出化合物的热重分析（除了单体的物质）。

聚合物中不发生反应的化学物质，发生降解应一般高于最大加工温度的10%。如果不满足这个条件，需给出物质在降解温度左右可以使用的解释。如果有其他任何相关的参数，可提供足够详细的信息用以适当的评估。

参考：

2.2.4　水解

如果在体液模拟物中水解后生成高产率的化学物质已被评估过，那么水解可简化评估申请过程。如果相关，依据第Ⅲ章附录 1 给出水解测试的结果。如果进行了水解测试，需提供包括分析方法在内的详细的实验细节。

参考：

2.2.5　有意分解/转化

食品接触材料或制品生产过程中若存在有意分解/转化，给出物质的有意分解或转化信息。若分解产品存在隐患，那么需提供产品的迁移和/或毒性数据，以及设置产品规范或限制。

为此，单体转化为聚合物添加剂就像清除剂转换和抗氧化剂根据使用目的分解一样。其他物质可能会通过诸如氧化或高温等条件分解。

参考：

2.2.6　非有意分解/转化产品

若相关，列出非有意分解或转化产品

——纯物质

——产品生产过程中形成的

——各种处理过程中形成并应用于最终材料或制品中的（如电离过程）。

参考：

2.2.7 与食品物质相互作用

如果有与食品物质相互作用的物质，给出信息。

这条信息对设限范围（SML、QM 或 QMA）非常重要。除非申请者要求提供 QM 或 QMA 限制，应提供物质在食品模拟物中各种条件下的稳定情况。

参考：

2.2.8 其他信息

列出可能与评估相关的其他信息。

参考：

3. 物质的预定应用

3.1 食品接触材料

列出使用物质的食物接触材料。

应提供资料说明该物质拟用于何种类型的聚合物，以及（或）用于何种食品接触材料中，例如，用于制造家用机器的各种聚烯烃、ABS，仅用于 PET 饮料瓶中。这些信息对于估计真实暴露量可能很重要。非常有限或非常广泛应用领域的表示，可能影响到该物质的最终授权和限制。

3.2 技术功能

阐明物质在生产过程或成品中的作用。例如，提供在生产聚合物 X、抗氧剂、抗静电剂、防腐剂等方面的单体、共聚单体的任何相关信息，以证明该物质在最终产品中的功能。如果相关，提供生产过程的信息。

3.3 最高工艺温度（℃）

设定聚合物制造过程中及最终的食品接触材料的最高温度。（请参阅 2.2.3）

3.4 最大比例

列出所用物质的最大百分比和/或与最终食品接触材料有关的物质（例如，在水悬液中添加的物质应与干物质有关）。如果相关，应给出实现一项技术功能的最大百分比以及实际使用的水平。通常，在添加剂的情况下，最大百分比将影响物质的迁移。提交迁移测试的材料应始终包含所指明的最大百分比。

3.5 实际接触条件

3.5.1 接触食品

列出与成品接触的食品。指出任何典型的食品或所有类型的食品的用途。应相应地进行迁移测试。

3.5.2 时间和温度

列出在实际使用情况下的接触时间和温度。列出任何时间和温度的限制。

如果"没有限制",那么食品接触材料应该能够承受 2h，175℃的条件使用橄榄油。关于进一步的指导意见，见指令"82/711/EEC"及其修正案。

3.5.3 表面和容积之比

列出每 $1dm^2$ 食品接触材料与每 kg 食品的比例。对于一般用途的材料，其比例通常为 $6dm^2/kg$。对于特定的应用，这个比例可能有很大的偏差，例如油管或大罐，单部分包装（请参阅3.1）这里要求的信息不应与第5项中要求的信息混淆。

3.5.4 其他信息

提供其他相关的任何信息。

3.6 使用前食品接触材料的处理

提供在接触食品之前处理资料，例如消毒、加压蒸汽清洗、冲洗、辐照、电子束或紫外线处理等。

3.7 其他用途

列明食品接触物料以外的物质的其他用途或预期用途（如有的话）。如果该物质用于食品接触材料以外的其他领域，则只能将 ADI 的一小部分分配给食品接触材料。

3.8 其他信息

列出可能与评估相关的其他任何信息。

4. 实质授权

4.1 欧盟国家

4.1.1 成员国

回答"是"或"否"。如果"是"列出成员国，提供相关条例或其他规定，并提供进一步的细节，如限制和条件。

4.1.2 根据第 67/548/EEC 号指令第六修正案被通知为"新物质"

第 67/548/EEC 号指令第六修正案中的"物质"：回答"是"或"否"。如果"是"，请提供详细信息和数据。

4.1.3 其他信息

提供其他相关的任何信息。

4.2 非欧盟国家

美国

回答"是"或"否"。如果"是"，则给出相关规定或其他，并提供更多的细节，如限制和条件。

日本

回答"是"或"否"。如果"是"，则给出相关规定或其他，并提供更多的细节，如限制和条件。

其他国家

回答"是"或"否"。如果"是"列出了具体国家,并给出相关规定或其他规定,及提供进一步的细节,如限制和条件。

其他信息

列出可能与评估相关的其他任何信息。

4.3 其他信息

列出可能与评估有关的任何其他信息,例如批准其他用途或环境条例

5. 物质迁移数据

如果使用食品模拟物质,应遵循欧盟指导方针5和"委员会迁移测试解释性指南"文件中关于具体和总迁移量的规定。

5.1 特定迁移量(SM)

回答"SM已确定"或"SM未确定"。如果SM不确定,请给出原因。一般而言,将要求确定特定迁移量,以证明最极端的迁移情况。根据迁移程度,可以确定毒理学试验的剂量。然而,也有一些例外情况,具体的迁移可以由确定物质的实际含量来取代,然后再进行最保守的计算。如果由于该物质的性质,例如聚合物添加剂而无法衡量具体的迁移,则可利用整体迁移来证明该物质在极端情况下迁移。特殊迁移测试所需的所有实验应重复三次。

参考:

5.1.1 物质

列出所确定的物质。还可能需要提供关于分解产物(例如抗氧化剂)和/或杂质迁移的信息(如果有的话)。

5.1.2 测试样品

测试样品应该始终代表最坏的情况。这意味着添加剂或共单体的最高浓度应该存在。此外,测试样品的厚度应代表最坏的情况。如果测试样品意在代表各种不同品牌或等级的材料,则应确保所选择的材料将是迁移测试中最坏的情况。如果这种物质被用于不同种类的聚合物,那么原则上,每一种聚合物都应该进行测试。然而,如果有适当的论据表明只有以聚合物代表最坏情况的迁移试验,这是可以接受的。例如,对于在所有类型的聚烯烃中使用的添加剂来说,LDPE的测试可能已经足够了。

参考:

5.1.2.1 化学成分

列出测试样品的化学成分。应特别提供关于物质初始浓度的资料,但也应提供关于总成分的资料,因为测试样品的成分可能影响物质的最终迁移。

5.1.2.2 物理组成

列出试验样品的物理组成,如均匀材料、多层材料等。如果是多层材料,

则应标明该物质在哪一层中存在。如果这不是直接的食物接触侧，则还应提供接触侧的相关信息。

5.1.2.3　聚合物的密度、熔体流动指数

列出含有该物质的聚合物的密度和熔体流动指数（如果相关的话）。这是数学建模所需的信息。在多层结构中，也需提供屏障层的密度。

5.1.2.4　测试样品尺寸

列出测试样品的尺寸。测试样品是为迁移测试而制造的样品。提供关于形状的信息，例如：瓶子、薄膜、薄板等和厚度。对于层压板，应注明各相关层的总厚度和厚度。对于厚度不均匀的物品，应给出不同部位的厚度。应列出物品的尺寸（高度、长度、宽度和/或直径）。

5.1.2.5　试件尺寸

简要描述测试样品是属于哪一部分，特别是在材料不均匀的情况下（如瓶子）。列出测试样本的空间尺寸（长度、高度、宽度、直径）。计算试件的总面积。在双侧接触的情况下（详见5.1.5），计算双侧的总面积。如果试件没有与模拟物完全接触（使用一侧迁移单元），则计算实际接触面积。

5.1.3　测试前对测试样本的处理

在测试之前，列出食品接触材料的处理方法。例如清洁、清洗等。试验样品的处理应具有实际应用的代表性。

5.1.4　试验食物/模拟食物

列出用于迁移量测试的食品或食品模拟物。对于食品模拟物，根据指令82/711/EEC 进行选择，应遵循修正后的指令。应当考虑到"委员会迁移测试解释性指南"（详见第四章）。特别是当橄榄油作为食品模拟物时，应仔细研究这份文件。此外，还应提供第2.1.4项所要求的溶解度数据。只有在出现技术问题时，才允许用替代仿真剂替代橄榄油。因此，应该解释使用替代模拟物的必要性，最好有一些分析数据的支持。不应只为方便而更换橄榄油。论据将被考虑是否有效。分析化学差或缺乏设施，所以替代橄榄油的模拟物的理由是不能接受的。在金属离子迁移的特殊情况下，离子交换是其驱动力，在 pH 为 5 的 40mm 醋酸钠缓冲液和 pH 为 7 的 50mm 磷酸钠缓冲液中进行迁移实验。

5.1.5　接触方式

说明样品是在一侧还是在两侧进行测试，以何种方式实现与模拟物的接触，例如：细胞、囊袋、完全浸没等。如果在两侧测试，则说明在计算接触面积时使用的是试验试样的一侧还是两侧。

5.1.6　接触时间和温度

设定测试时间和测试温度。在高温（≥100℃）下接触时间短（≤2h）

的情况下，以可接受的方式描述或演示测试期间的温度维持情况。

5.1.7 表面和容积之比

建立每 dm^2 试验样品与每 kg 食品或每 L 的食品模拟物的比。给出模拟对象的实际接触面积和体积。从这些数据计算出实际的表面体积比在迁移试验中的应用。常规的比例是 $6dm^2/kg$ 模拟物。出于分析的原因，经常需要偏离这个比率，原则上是可以接受的。然而，应该仔细考虑是否采用面积比体积较大的偏移，可能会因模拟物饱和而影响最终迁移。

5.1.8 分析方法

阐述分析方法的使用原则，并以标准格式提交方法的副本。标准格式的方法说明指南见"委员会迁移测试解释性指南"（详见第四章）。此外，技术档案应包括实际数据，例如有关校准溶液的制备、典型色谱图、校准曲线、相关系数以及适当评价方法所需的所有相关数据和所提供的迁移数据。应当认识到，认定实验室可以使用这种测定方法，以强制执行对该物质规定的任何限制。因此，该方法应使用普遍可用的设备。使用非常复杂的方法应该是合理的。

参考：

5.1.9 检测/检测限

给出了检测和/或测定方法的极限，并提出了确定检测限的方法。在无法检测到迁移或在检测极限的水平时，检测极限特别重要。在相关情况下，应提供典型色谱图、校准曲线、空白值等可视信息。

参考文献：

5.1.10 测试方法的精度

给出方法在迁移水平上的可重复性（R）。例如，该方法的重复性可以从三份迁移实验的标准偏差或从回收实验中获得。

参考文献：

5.1.11 回收

提供在时间 - 温度迁移试验条件下，回收实验确定的物质回收率。为了获得关于分析方法的适用性以及该物质在食品模拟物中的稳定性的数据，应对在感兴趣的水平（例如 $50\mu g/kg$）或在迁移值的实际水平，对加入该物质的模拟食品物进行回收试验（重复三次）。加入的食品模拟物，应在相同的时间和温度条件下，使用的相同或同等的容器，进行迁移试验。提供所有实际数据，以便对所提出的结果进行适当的评价，如标准添加方法（使用溶剂，添加体积），向已知体积的模拟物（$\mu g/mL$）添加的物质量，储存条件等。如果获得的回收值较低，则应解释原因。回收试验的结果可能会影响要建立的限制类型。

参考文献：

5.1.12　其他信息

提供可能与评估相关的其他任何信息。

参考文献：

5.1.13　结果

给出获得的所有迁移数据，包括空白数据和回收数据。最好是将数据显示在一个表格中，其中应包含足够的细节，以遵循最终结果的获得方式。例如，它应包括：

——时间和温度的测试条件；

——模拟接触面积；

——试验中使用的食品模拟物的体积；

——从迁移实验中得到的模拟物在模拟物中的实际浓度；

——在以 mg/m³ 表示在食品模拟物中的迁移；

——使用 6dm/kg 的常规系数或任何其他有关比率在模拟食品中的迁移；

——回收试验中添加的物质量。

参考文献：

5.2　总迁移量（OM）

采用 CEN 方法 EN 1186 的一般 OM 测定，回答"确定"、"不确定"，添加剂或单体的申请是不需要提供的。由于物质的性质，例如聚合物添加剂，无法进行特定迁移量测试时，总迁移量可代替特定迁移量。总迁移量可用于证明该物质的最极端情况迁移。

在特殊情况下，CEF 工作组可能需要 OM 数据，如，当大量的低聚物是可疑的（见 5.3）。

参考文献：

5.2.1　测试样品

列出经过测试食品接触材料样品的特点，例如：成分、形状（瓶子、薄膜、杯子、罐头等）、厚度和尺寸。关于测试样品等的选择，请参见 5.1.2。在相关情况下，在特定和总迁移测试中使用相同级别的测试材料。然而，可能有理由采取不同等级的材料。如果一个等级的总迁移结果最高，而另一个等级的特定迁移量最高，则可以使用不同的测试样品。

参考文献：

5.2.2　测试样品前处理

在测试之前，列出食品接触材料的处理方法。

5.2.3　食品模拟物

列出试验中使用的食品模拟装置。对于食品模拟物的选择，应遵循经修正的"82/711/EEC"指令。应当考虑到"委员会迁移测试解释性指南"。应该解释使用替代测试介质的必要性，最好有一些分析数据的支持。

5.2.4 接触方式

列出样品是在一侧还是在两侧进行测试。阐述如何实现与模拟物的接触，如小室、囊袋、完全浸没等。如果在两侧测试，则需说明在计算接触面积时使用的是试验试样的一侧还是两侧。

5.2.5 接触时间和温度

在高温（≥100℃），短时间接触（≤2h）的情况下，以可接受的方式描述或演示测试期间的温度维持情况。

5.2.6 表面和容积之比

列出测试样品面积 dm^2 与每 L 模拟物的比例。按照惯例，这一比率为 $6dm^2/kg$ 模拟。迁移试验中的实际比例可能会偏离。

5.2.7 分析方法

列出所使用的分析方法。应酌情使用 CEN 方法。任何偏离这些方法的情况都应报告。如果使用其他方法来确定总迁移，则应提供分析方法的详细说明。

5.2.8 其他信息

列出可能与评估相关的其他任何信息。

5.2.9 结果

如果相关的话，给出所获得的所有个体迁移数据，包括空白。最好是将数据显示在一个表格中，其中应包含足够的细节，以遵循最终结果的获得方式。例如，它应包括：

——时间和温度测试条件（以℃为单位）；

——模拟接触面积（dm^2）；

——试验中使用的食物模拟物体积（mL）；

——在以 mg/m^2 表示的食物模拟物中的迁移；

——在食品模拟物中迁移使用 $6dm^2/kg$ 的常规系数或任何其他相关比率系数。

5.3 量化和识别

a) 低聚物迁移和（b）由单体和起始物质及添加剂衍生的反应产物

回答"确定"，或"不确定"。在尚未确定的情况下，应说明理由。实验数据表明，聚合物中存在低聚物（相对分子质量<1000）或反应产物的迁移，在某些情况下还发现了较高的迁移量。因此，有必要提供关于以下方面的信息：a）低聚物从单体产生的聚合物中迁移，或通过影响聚合的分子结构或分子量的聚合助剂产生的聚合物的迁移；（b）反应产物从单体或添加剂产生的

聚合物中的迁移。

　　首先，需要关于由于使用新单体或添加剂而迁移的物质的特性和水平的信息（另见 2.2）。使用橄榄油进行的测试可能不适合用于识别目的。替代模拟物或替代测试介质可能更方便识别目的。原则上，可能需要确定可迁移物质的身份，但在某些情况下，只要简单地确定功能基团就足够了。

　　参考文献：

5.3.1　测试样品

　　测试样品的组成及其厚度应始终代表最极端的情况。一般来说，应使用最高浓度的物质和最大的厚度。如果该物质将用于各种不同聚合物或等级的材料，则应对每一种材料进行测试。然而，如果这是适当的论点，只有材料代表最坏的情况下的测试可能是可以接受的。

5.3.1.1　化学组成

　　提供测试样品的化学成分。应提供关于该物质的初始浓度和总组成的资料，因为这可能影响该物质的最终迁移。

5.3.1.2　物理组成

　　列出了试验样品的物理组成，如均匀材料、多层材料等。对于多层材料，应指明该物质存在于哪一层。如果这不是直接的食物接触侧，那么也应该给出相关的接触层信息。

5.3.1.3　聚合物的密度、熔体流动指数

　　列出含有该物质的聚合物的密度和熔体流动指数（如果相关的话）。这是数学建模所需的信息。在多层结构中，也要给出屏障层的密度。

5.3.1.4　试验样品尺寸

　　列出试验样品的尺寸。试验样品是为研究而制造或使用的样品。提供关于形状的信息，例如：瓶子、薄膜、薄板等和厚度。对于层压板，应注明各相关层的总厚度和厚度。对于厚度不均匀的物品，应给出不同部位的厚度。物品的尺寸（高度、长度、宽度和/或直径）应列明。

5.3.1.5　测试样品件尺寸

　　简要描述测试样品的测试部分，特别是不同厚度材料（如瓶子）的情况下。列出测试样品的空间尺寸（长度、高度、宽度、直径）。计算试件的总面积。在双侧接触的情况下（见 6.3.1.4），需计算双侧总面积。如果试件与模拟物没有完全接触，则计算实际接触面积。在提取的情况下，测试样品的重量需足够。

5.3.2　样品前处理

　　列出食品接触物料的实验前处理，例如清洁、清洗等。对测试样品的前处理应具有实际应用的代表性。

5.3.3 测试食品/食品模拟物/萃取溶剂

列出用于迁移测试的食品或食品模拟物或萃取溶剂。对于定量测定，应遵循修正的第 82/711/EEC 号指令，选择食品模拟物。可迁移物质的识别或特征可以在水相食品模拟物中进行。一般来说，由于各种原因，使用橄榄油可能是不可行的。可能需要使用挥发性模拟物或萃取溶剂来识别或表征可迁移物质。

5.3.4 接触方式

列出样品是在一侧还是在两侧进行测试。阐述如何实现与模拟物的接触，如：小室、囊袋、全浸等。如果在两侧测试，则说明在计算接触面积时，采用的是试验试品的一侧还是两侧。如有需要，请列出提取条件。

5.3.5 接触时间和温度

设定测试时间和温度。

5.3.6 迁移试验中的表面体积比

给出实际接触面积和模拟物体积在迁移实验中的应用情况。以 dm^2/kg 食物表示，比例在原则上应与实际使用中的比率相等。如果不知道这一比率，则可采用传统的 $6dm^2/kg$ 食品模拟物。由于分析原因，可以适当偏离，采用可接受的比例。但是，应仔细考虑使用较高的面积与体积比，是否会影响模拟物的饱和，这可能会导致模拟物中溶解性较差的物质的最终迁移。在提取实验中，这种情况很可能不会发生。

5.3.7 分析方法

阐述所使用的分析方法的原理，并在技术档案中提交该方法的完整副本。可迁移物质的识别或特征通常需要应用各种复杂和互补的技术。在摘要数据表中，应概述分析方法。在技术档案中，应用的分析方法应详细说明，以便对结果进行适当的评价。这就要求提供例如色谱、质谱系统或其他隔离或检测手段的信息。色谱图、光谱等应提供适当的图例。从这些文件中推断出的资料或结论，应附有解释性说明。在定量分析中，应详细说明该方法。在使用定量色谱方法时，应提供可能与评价结果有关的所有细节，例如有关校准程序的实际数据、典型色谱图或光谱、校准曲线、相关系数。

参考文献：

5.3.8 检测/检测限

给出该方法的检测和/或检测限，并确定定量测定的检出限。在相关情况下，应提供典型色谱图、校准曲线、空白值等可视信息。此外，在定性分析中，还应提供关于检测限的指示。

参考文献：

5.3.9 回收

给出在时间－温度迁移试验条件下，回收实验确定的物质回收率。在特定迁移量测试中所要求的回收实验可能是可能的，也可能是不可能的，因为可能没有参考物质。如果有适当的参数，则不需要回收测试。

参考文献：

5.3.10　其他信息

列出可能与评估相关的其他任何信息。

参考文献：

5.3.11　结果

描述已确定或确定的可迁移物质，并给出迁移水平（以 $mg/6dm^2$ 表示）。特征或确定的可迁移物质结果的提出，可能不是一个直接的问题。从调查中得出的任何结论都需要一些明确的推理和解释来证明这些结论是正确的。

参考文献：

6. 食品接触材料中残留物质含量数据

6.1　实际内容

回答"确定的实际内容"或"未确定的实际内容"。是否需要确定试验材料中物质的实际或残余含量，取决于物质的类型和具体迁移测定中提供的数据。为了提供指导，本文给出了以下示例：

——单体（例 1）提供了关于特定迁移量的完整数据。不需要确定残余量。

——单体（例 2）的特定迁移量未确定，但根据残余量和假设 100% 迁移提供了迁移量的计算。需要确定残余量。应提供有关方法和结果的全部细节。

——单体（例 3）最极端情况的迁移是基于最初添加到聚合过程中的单体的数量，而假设不需要 100% 迁移确定残余含量。然而，为执行此目的，应提供一种适当说明的确定残余量的方法。

——添加剂的迁移是由特定和/或整体迁移决定的。在迁移实验（5）中，实际试验材料中使用的添加剂在预期水平上的存在，应通过分析数据来证明。一般来说，通过分析实验证明添加剂在预期水平上是足够的。在这种情况下，对分析方法的验证和对分析方法的广泛描述就不那么重要了。然而，应提供足够的资料，使所提供的数据是透明的和可接受的。

——单体或添加剂的测定是不可能的，例如因为食品模拟物中物质的不稳定性，或者因为 QM 限制更合适。实际内容的确定应按照标准格式详细说明。此外，应验证该方法，并在相关情况下添加可视信息（如色谱图）。

参考文献：

6.2　材料

列出材料。

6.3　试验样品

在相关情况下，测试样品应与迁移实验中使用的测试样品等效。在其他情况下，样品应是最极端的情况。如果测试样品代表不同品牌或级别的一系列材料，则应确保所选择的材料将代表最极端的情况。如果该物质被用于不同种类的聚合物，那么原则上，每一种聚合物都应检测物质的残留量。然而，如果讨论得当，那么只有在最极端的情况下确定的聚合物中的残留量才是可以接受的。选择的标准将取决于物质和制造过程。

参考文献：

6.3.1 化学成分

列出测试样品的化学成分。特别是，应提供有关物质初始浓度的资料，但也需提供关于总成分的资料，因为试验样品的组成可能影响分析方法的适用性和/或残留量。

6.3.2 物理组成

列出了试验样品的物理组成，如均匀材料、多层材料等。如果是多层材料，则应标明该物质存在于哪一层。如果不是食品的直接接触侧，则还应提供接触侧的相关信息。

6.3.3 聚合物的密度、熔体流动指数

列出含有该物质的聚合物的密度和熔体流动指数（如相关）。这些信息是数学建模所必需的。在多层结构中，也要考虑阻挡层的密度。

6.3.4 试验样品尺寸

列出试验样品的尺寸。试验样品是为确定物质的残留或实际含量而制造的样品。提供关于形状的信息，例如：瓶子、薄膜、薄板和厚度等。对于层压板，应注明各相关层的总厚度和厚度。对于厚度不均匀的物品，应给出不同部位的厚度。物品的尺寸（高度、长度、宽度、直径）应列明。

6.3.5 测试样品尺寸

列出测试样品的尺寸或重量。测试样品是材料的实际部分，提交残留量的测定。列出测试样品的实际尺寸（高度、长度、宽度、直径）或重量。如果样品是从不均匀的材料（如瓶子）中选取的，则列出选取的部分。

6.4 样品处理

列出测试样品的处理方法，除非测试方法中不需要处理。

6.5 试验方法

如果相关，技术档案应包括下列信息，例如有关配制校准溶液的实际数据、典型色谱图、校准曲线、相关系数和适当评价方法所需的所有相关数据以及与残留量有关的数据。标准格式的方法说明指南载于"委员会迁移测试解释性指南"文件。该测试方法可由认证实验室使用，以强制执行对该物质规定的限制。因此，该方法应使用普及的设备。使用非常复杂的方法也是合理的。在相关情况下，应包括典型色谱图、校准线等可视信息。

参考文献：

6.5.1 检测/检出限

给出检测和/或检出限，并提供确定的检出限方法。当一种物质无法被检测或处于检出限的水平时，检测极限就显得尤为重要。应提供相关的可视信息，如典型色谱图，校准曲线，空白值。

参考文献：

6.5.2 试验方法精度

在残留量水平上给出方法的重复性（R）。例如，该方法的重复性可从三份测定的标准偏差或从回收实验中得到。

参考文献：

6.5.3 回收

列出在回收实验中确定的物质百分比回收率。为了获得关于分析方法的适用性的数据，回收试验（重复三次）应通过在感兴趣的水平或实际含量水平上向聚合物样品中标准添加该物质来进行。此外，也可以允许使用不含该物质的类似试验材料。加标记的样品应与试验样品的处理方法相同。在相关情况下，应提供可视信息。如果获得的回收率较低，则应提供原因。

参考文献：

6.5.4 其他信息

提供其他相关的任何信息。

6.6 结果

给出个别测试结果，包括空白和回收数据。最好是将数据显示在一个表格中，其中应包含足够的细节，以遵循最终结果的获得方式。

参考文献：

6.7 迁移计算（极端情况）

提供迁移物质总迁移的计算。在极端情况下，计算是可以接受的，必须提供分析方法。另见文件"委员会迁移测试解释性指南"

参考文献：

6.8 残留量与特定迁移量

如果确定的话，给出残留量与特定迁移量间的关系。

7. 物质的微生物特性

本节重点介绍抗菌物质在食品接触材料中的应用。Directive 98/8/EC 指令将灭菌产品定义为"活性物质和含有一种或多种活性物质的制剂，通过化学或生物方法以其提供给使用者的形式，用于破坏、阻止、减少、防止微生物的危害作用或对有害生物起控制作用。"有害生物体被认为是"有害生物是对人类、人类活动或人类使用或生产的产品、动物及环境而言没有必要的存在或者有害影响的有机体"。但是1，2条法规不包括本指令的产品定义的范围或在理事会指令89/109/EEC对成员的法律近似法规范围内有关材料的规定和与食品接触的物品的规定。

本节重点介绍抗菌物质在食品接触材料中的应用。理事会指令98/8/EC指令将灭菌产品定义为："活性物质和含有一种或多种活性物质的制剂，通过化学或生物方法以其提供给使用者的形式，用于破坏、阻止、减少、防止微生物的危害作用或对有害生物起控制作用。"有害生物体被认为是"对人类没有必要的作用或具有有害影响的有机体"。

下列指南将为申请人提供资料，以便提供对公共健康影响，即安全性，有效性的评估，其中包括在食品接触材料中使用抗菌物质的微生物作用。

如果提供适当的理由，则允许偏离这些准则。

由于国际水平上没有公认的验证方法，现仍不能对使用的方法给予更具体的指导。

此外，使用的方法应该依照不同物质的不同使用方法而定。

应当指出的是，生物活性物质的纳入对食品微生物菌群的食品接触材料的任何效果强烈地依赖于食物的接触时间与食物接触的材料（剂量－时间关系）。在评估抗菌物质对微生物菌群的影响时，应考虑到这一点。

微生物数据的评估可能会导致对使用或迁移进行约束。

如果还考虑到毒理学方面的限制，则应取两者低值。

被纳入食品接触材料，具有抗菌性能的物质，将按个案评估。

申请人应提供本说明第1－7项所需的所有数据以作指导。未经EFSA－CEF研究小组评估物质。

应当予以提供其毒理学数据。如果载体系统是惰性的和/或已经批准的，并且对食品接触材料的抗菌性能没有积极的贡献，以前评价过的活性成分不需要提供新的毒理学数据。

一个典型的例子是使用银基抗菌剂，在不同的载体上均可以使用银离子。

应当强调的是，抗菌物质的使用不应取代良好卫生习惯的需要。

7.1 该物质将用作抗菌剂吗？

回答"是"或"否"。

如果"否"参见5，如果"是"参见7.2

7.2 什么是微生物功能？

阐述生物技术的作用

如果抗菌物质是用作：

（a）在最终产品的制造中作为生产过程中的保护剂或用于储存的产品中"保护剂"，参阅7.2.1。

b）减少对成品的食品接触材料表面微生物污染（FCM），从而提高食品准备区域的卫生，参阅 7.2.2。

参考：

7.2.1　生产过程或产品储存所使用的保护剂的

在最终产品生产过程或存储过程可以添加一种抗菌物质用于防止产品发生微生物腐败，例如水性乳液或者含有这些产品的工艺用水。

在这种情况下，应该从最终产品中的 MIC 值、迁移数据和/或浓度来论证，成品表面不能有抗菌活性。

也可以用适当的方法证明了，例如 JIS Z 2801：20006 或 EN DIN 1104 中提供的方法（适用范围更广的微生物），参阅 8。

7.2.2　减少 FCM 的表面微生物污染的方法

可以在 FCM 中加入抗菌物质，以减少微生物表面上的微生物数量，从而减少交叉污染的可能性。

在这种情况下，应提供下面所要求的所有信息。

日本工业标准/抗菌产品 – 试验方法和抗菌效果（日本标准协会 – 4 – 1 – 24，日本东京港区赤坂，邮编 107 – 8440）。

7.2.2.1　拟使用目的

尽可能地描述预期的应使用目的。

应提供资料，说明它是否打算用于工业食品加工应用，消费者使用（包括餐饮），或两者兼而有之？

无论是"多重目的"还是"单一目的"，每个申请均应提供完备信息。

7.2.2.2　其他信息

提供 7.2.2.1 条目下任何已提供的使用目的以外的信息以及和第 3 章中这些信息是否可能对杀菌剂的风险评估是有用的。

7.3　微生物活性谱

提供有关各种食物相关微生物，包括病原体的活性谱数据。

任何已知或识别的非敏感属或种都应包括在内。

参考：

7.4　活性水平

提供可能接触到该物质的微生物纯生物物质最低抑菌浓度（MIC）的信息或者最好是其活性成分，如银离子的信息。

应描述微生物的浓度及其接触抗菌物质的试验介质的性质。

如果有如下信息，应包括任何剂量 – 时间反应信息，如：固定时间不同剂量的抗菌物质，或单一浓度的抗菌物质在不同时间下的反应。

应描述抗菌物质接触的试验介质的性质。

记录敏感人群中抗微生物物质产生耐药性或对其他抗菌药物产生交叉耐药性的可能性。

参考：

7.5　使用抗菌物质的可能后果

描述任何在含有抗菌物质的食品接触材料表面对这些抗菌物质不敏感的生物选择性促进菌落生长的作用。

参考：

7.6　有效性有效性强烈地依赖于抗菌物质在材料表面的迁移行，因此将取决于聚合物的类型及其抗菌物质的含量。

另一方面，迁移性不应特别高以使产生对食品的防腐作用。

因此，功效测试应该使用 3.1 中提到的聚合物，特别是使用最高和最低迁移率的聚合物（如 LDPE 和 PET）。

在这些测试材料中抗菌物质的浓度不应超过 3.4 和 5.1.2.1 中规定的浓度。

需提供数据以证明在预期的使用条件下能够描述这种功效的测试方法，并证明其有效性。

当杀菌剂是在较低的温度下，如在寒冷的房间，冰箱中使用时，应该在这些温度下证明其效果。

然而，在技术上不可行时，例如在大规模工业应用时，则提供从实验中获得的数据，以模拟预期的使用条件。

另一个方法是，可以考虑到内在和外在的条件，依靠比如对 MIC 迁移的预测值来比较。

应该正确地验证所用模型。

参考：

7.7　重复使用的效果

应提供信息应描述在一些措施例如，反复清洗程序后杀菌剂表面的行为。

更好的方法是在使用条件下，可以通过微生物试验或确定活性物质的浓度来证明药效。

参考：

7.8　证明对食物中微生物缺乏抗菌活性：

描述对食物中和表面微生物区系没有任何影响的证据，其中包括使用相同/类似的不含抗菌剂物质 FCM 数据的比较。

这应该涵盖最坏的情况，其中可能包括：

最敏感的微生物，

抗菌剂的最高释放水平，

或 FCM 中最大使用浓度，

含有抗菌物质的食物中抗菌物质浓度超过所观察到的或计算的迁移水平。

应考虑如下内容：

所观察到的或计算的迁移水平与 MIC 值比较，抗菌物质与食品中可能导致失活的化学物质成分的交互信息。

参考：

7.9　其他信息

列出可能与评估有关的任何其他信息。

参考：

7.10　据相关指令要求提供声明或免责声明的信息

声明应与上述数据的效力和活性相一致。

7.11　在 98/8/EC 指令框架内授权用作抗菌剂的信息

如果该物质是附件 I，或者 98/8/EC 指令 IA 中列出的物质，或者 98/8/EC 指令第 15（2）款中授权的抗菌产品成分，在过渡措施下允许使用或受 98/8/EC 指令第 16 条规定的 10 年计划的约束。

8. 毒理学资料

应提供毒理学研究的完整报告。研究应遵循现行的欧盟方法（1）和/或 OECD 准则（2）或其他国际商定的方法，并遵守良好的实验室规范（3）。

所检验的物质应是请求授权的商业物质。

特别是纯度和杂质的纯度应与实际使用的物质相同。

在任何情况下，都应该适当地描述毒理学实验中使用的任何物质，并且测试的样品必须是可追踪的。

如果没有对所检验物质的标识进行说明，应提供理由。

（1）遗传毒性　首先，应进行以下三项体外遗传毒性试验：

①细菌基因突变试验：根据 EC 法规 B.13/14 和 OECD 指南 471 执行。

参考：

②哺乳动物体外细胞基因突变试验：根据 EC 法规 B.17 和 OECD 准则 476 执行。

参考：

③哺乳动物体外细胞染色体畸变试验：根据 EC 法规 B.10 和 OECD 准则 473 执行。

参考：

④其他信息：

如果上述任何一项试验产生阳性或可疑的结果，则可能需要进一步进行致突变试验，包括体内试验，以阐明该物质的遗传毒性潜力。

辅助测试的选择应根据所获得的结果和其他相关信息而定的。

参考：

（2）一般毒性

①（90d）经口亚慢性毒性：根据 EC 法规 B. 26 和 OECD 指南 408 执行。

参考：

②慢性毒性/致癌性：根据 EC 法规 B. 33OECD 指南 453 执行。

参考：

③生殖/畸变毒性：根据 EC 法规 B. 34 – B. 35 和 OECD 指南 421 – 422 执行。

参考：

④其他信息：列出可能与评估有关的任何其他信息，例如急性或亚急性（28d）毒性，在有对皮肤或呼吸的影响数据时应当提供。

参考：

（3）代谢

①吸收、分布、代谢和排泄：在有有关数据时应当提供。

参考：

②人体内蓄积性：为评估这方面的潜在影响，请考虑附录十五列出的方法。

由于缺乏详细的方法学指导方针，可查阅现有欧盟关于兽药、动物营养添加剂和人类药物指南的有关章节。

另外，IPCS（EHC 70 & EHC 57）以及 FDA 红皮书Ⅱ中可能会提供一定的指南。

参考：

③其他信息：列出可能与评估有关的任何其他信息。

参考：

（4）各种其他相关内容

①免疫系统的影响：如果有任何相关信息，则应提供。

参考：

②神经毒性：如果磷酸和亚磷酸酯类迁移率超过 0.05mg/kg 食品或食品模拟物，应根据 OECD 准则 424 检测其神经毒性。

参考：

食品接触材料指南须知

③其他信息：列出可能与评估有关的任何其他信息。

参考：

（四）第Ⅳ章关于迁移测试的解释说明

本文件由欧共体负责，由一些政府、工业、欧洲标准化委员会（European Committee for Standardization，CEN）和 EFSA 专家组成的工作队编写，不应将其视为 EFSA 文件。本文件严格与第 97/48/EC 号指令（简称《第 82/711/EEC 号指令第二修正案》）密切相关，该指令确立了迁移量测试的基本规则。

1. 引言

本文件对规定的"迁移量测试"以及"替换"和"替代"测试提供了解释和指导。主要针对进行测试以确保遵守的分析人员，例如执法当局、工业界、零售商和认证实验室。编写提交国家主管当局的技术档案的分析人员也应使用该文件。原则上，为确定是否遵守欧共体指令而进行的测试，与 CEF 小组为评估一种有待批准的物质而要求进行的测试之间一致。

委员会事务处计划性定期更新该文件，以考虑到迁移测试的发展情况。委员会事务处建议严格遵守这些准则。需要注意的方面如下。

（1）欧共体指令是适用于欧洲一级的法律规则；

（2）其他欧共体文件，例如该文件或《常设委员会指南》，解释这些规则及其在实践中的应用；

（3）如果 CEN 和 EC 文件之间存在差异，例如在不同时间的更新，为了遵守的目的，欧盟委员会的文件优先，除非委员会的文件明确指出相反的情况。

2. 迁移测试

（1）迁移到食品和食品模拟物　No. 82/711/EEC 号指令作为 No. 93/8/EEC 号指令和 No. 97/48/EC 号指令的修正，规定了迁移限量迁移限制的定义，即：

应在实际使用中可预见的最极端的时间和温度条件下，核查进入食品的迁移是否符合迁移限制。应使用常规迁移试验，来核实向食品模拟物迁移是否符合迁移限制。

因此，这些指令提供了两个选择：

第一种选择：在食品中进行迁移测试。

第二种选择：使用食品模拟物进行迁移测试。

在最极端的测试条件下，总是有可能直接在食物中确定这种迁移，主要是特定迁移，以便确定是否符合法律规定；或以便按照 SCF 指南的规定提供足够的资料，估计该物质及其杂质及其分解和反应产物的每天最高摄入量。

或者可以使用食品模拟物和指令 97/48／EC 中规定的测试条件来确定迁移量。

（2）食品模拟物　No. 97/48/EC 和 85/572/EEC 号指令提供了如表 3 - 1 所示的模拟物：

表 3 - 1　　　　　　　　　　　食品类型和食品模拟物

食品类型	食品模拟物	简称
水性食品 （pH>4.5）	蒸馏水或同质水	模拟物 A
酸性食品 （pH≤4.5 的水性食品）	3g/L 乙酸	模拟物 B
乙醇食品	10%（体积分数）乙醇，若食品乙醇浓度超多 10%，则应调整到食品的实际乙醇浓度	模拟物 C
脂肪食品	精制橄榄油或其他脂肪食品模拟物	模拟物 D
干性食品	无	无

然而，橄榄油可以采用其他同等的非挥发性脂肪食品替代。这些替代的脂肪模拟物也用模拟物 D 来表示。因此，指令 97/48/EC 中的模拟物 D 不仅指橄榄油，而且还指每一种同等的非挥发性脂肪食品模拟物（例如向日葵油、合成的甘油三酯混合物）。作为特例，对于一些乳制品，应用 50% 乙醇（体积分数）代替橄榄油（见修订第 85/572/EEC 号指令的第 2007/19/EC 号指令第 2 条）。

由于模拟物 D 通常比任何固体或半固体脂肪食品更具渗透性，而且由于它通常是最极端的食物模拟物，因此在某些脂肪食品之外引入了还原因子（reduction factors，DRF），以考虑到这种更大的提取能力（见指令 85/572/EEC）。因此，为了在这些情况下确定样品是否符合限值，在总体或具体迁移测试中得到的数值应除以对所审查的脂肪食品的指令 85/572/EEC 中相应的减少因数。如果该材料或物品打算与一种以上的食品或食品组或具有不同减少因子的食品发生接触，则应适用各种减缩系数。如果在考虑了分析误差后，计算获得的一个或多个结果，超过了限制，那么该材料就不适合用于接触该类食品。

（3）其他同等的非挥发性脂肪食品模拟物（模拟物 D）

指令 97/48/EC 第 1 章规定了橄榄油（模拟物 D），然而该参考模拟物 D 可被具有标准化规格的甘油三酯、向日葵油或玉米油合成混合物（其他脂肪食品模拟物，称为模拟物 D）所取代。如果在使用任何其他脂肪食品模拟物时，超过了迁移限量，为了判断是否符合要求，在技术上可行时，必须使用橄榄油确认结果。如果这一确认在技术上不可行，且材料或物品超过迁移限量，则应视为不符合第 90/128/EEC 号指令。

正如指令中明确指出的那样，使用其他同等的非挥发性脂肪类食品模拟物是被授权的，而不需要事先检查其等效性或最大的提取能力。事实上，现有的实验数据表明，这些模拟物的迁移程度大致相同，或略高于橄榄油的迁移水平。只有在因全面或具体限制而提出法律起诉，且在技术上可行的情况下，才建议采用橄榄油测试来确认结果。

如果使用橄榄油测试在技术上是不可行的（出于有效的理由，应记录在案），则用替代的非挥发性脂肪食品模拟物得出的数据为准。使用其他等效的非挥发性脂肪类食品模拟物的一个典型例子是，橄榄油或测试材料中存在着不可接受的干扰成分。否则，与替代等效的非挥发性脂肪模拟的结果仍然是唯一有效的结果。

（4）迁移试验的接触条件（t，T） 除第 2002/72/EC 号指令附件 1 外，第 97/48/EC 号指令还规定了在使用模拟食品进行迁移测试时应遵循的测试条件（食物模拟物、接触时间和温度等），具体如表 3-2 所示。分析测试人员应始终仔细考虑所检查的材料或物品的潜在用途，并从指令 97/48/EC 所规定的时间和温度中选择适合的文件，这些文件对应于最极端的可预见的接触。

表 3-2　　　　　　使用食品模拟物的常规迁移试验条件

可预见最差接触条件	试验条件	可预见最差接触条件	试验条件
接触时间	试验时间	接触温度	试验温度
$t \leqslant 5\,\mathrm{min}$	见注 1	$T \leqslant 5\,℃$	5℃
$5\,\mathrm{min} < t \leqslant 0.5\,\mathrm{h}$	0.5h	$5℃ < T \leqslant 20℃$	20℃
$0.5\,\mathrm{h} < t \leqslant 1\,\mathrm{h}$	1.0h	$20℃ < T \leqslant 40℃$	40℃
$1\,\mathrm{h} < t \leqslant 2\,\mathrm{h}$	2.0h	$40℃ < T \leqslant 70℃$	70℃
$2\,\mathrm{h} < t \leqslant 4\,\mathrm{h}$	4.0h	$70℃ < T \leqslant 100℃$	100℃或回流温度
$4\,\mathrm{h} < t \leqslant 24\,\mathrm{h}$	24h	$100℃ < T \leqslant 121℃$	121℃
$t > 24\,\mathrm{h}$	240h	$120℃ < T \leqslant 130℃$	130℃
		$130℃ < T \leqslant 150℃$	150℃
		$T > 150℃$	175℃

注：对于在室温或低于室温存放时间不定的材料，测试条件选择 40℃和 10d，该条件通常认为是最严格的。

以下例子对表 3-2 在实际情况下，如何选择时间和温度的测试条件进行详细的说明。

①食品接触材料预计是121℃灭菌20min内与食品接触，然后在室温下储存6个月，应在121℃下接受30min的测试，然后在40℃保存10d。

②食品接触材料在90℃时与食物接触9s，然后在大约10℃的温度下在冰箱中储存14d，应在20℃进行10d的测试。90℃的时间太短，不相关，可被忽略。事实上，在给定的情况下，只要外观形态不发生变化，就可以依据迁移随时间平方根线性变化，并随试验温度每升高10℃而增加一倍的规律。如此，90℃时的9s仅相当于40℃时的大约20min，与10d相比，这是可以忽略不计的。

③根据指示，可在200℃的常规烤箱中加热30至40min的冷冻即食包装，应在175℃下测试1h。在这种情况下，加热前的储存期与此无关，因为在175℃下1h的测试条件被认为比模拟储存期的条件（5℃下的10d）要严得多。

④在开始温度为85℃、15min内降至低于70℃的温度范围内，准备装入热食品的食品接触材料，如果不打算用于储存，如咖啡杯，则可在70℃下测试2h。不过，还允许在100℃时适用30min的测试条件，作为一种更严格的测试。

⑤在热食品保温情况下，食品在15min后的温度仍在70℃以上，则该食品接触材料应在100℃下测试30min。

⑥如果上述样品中的食品随后在室温下保存了很长一段时间，则材料应在100℃，30min测试后，并在40℃下保存10d的组合测试条件提交材料。

（5）测试条件被认为是"更严格的条件"

97/48/EC号指令规定了适用于所有章节的以下一般性条款，即允许：

减少须进行的测试的次数，或在所审查的个别案例中根据科学证据公认为最严格的测试；或

在有确凿证据证明在任何可预见的使用材料或物品的条件下不能超过迁移限量的情况下，省略迁移或替代测试。

为了识别试验条件中应考虑的"更严格的条件"，分别考虑这两种条件的两个主要因素，即来自一方面的模拟物和另一方面的时间和温度。以下对此作进一步解释。

①"较严格"或"不太严格"的模拟物：指令97/48/EC第一章中提供了一些被认为比其他模拟物更严格的例子。对于所有四种食物类型的一般用途材料和物品，用水模拟物进行试验是没有必要的，因为水被认为不如30g/L乙酸或10%乙醇（体积分数）模拟物严格。同样，对于只适用于酸性和酒精类食品的材料和物品，用30g/L乙酸进行的试验可以省略，因为原则上它没用10%乙醇（体积分数）进行的试验严格。

人们普遍认识到10%乙醇（体积分数）可以被认为是比水更严格的模拟物。此外人们普遍认识到，如果样品中不含有机和无机金属化合物、胺和其他可溶于乙酸的物质，则可省去30g/L乙酸的试验，因为30g/L乙酸没有

10% 乙醇（体积分数）严格。

分析人员会发现在其他情况下，如对于正在测试的某种塑料，因为该测试"不那么严格"，可以省略该测试。常见的例子是非极性物质从非极性塑料中迁移，非极性塑料几乎总是高于模拟物 D（橄榄油和其他脂肪模拟物），而非水模拟物 A、B 或 C。如此则可以从测试中省略 A、B、C 三种水性模拟物以迁移该物质。唯一能满足的条件是，这种"基于科学的证据"是合理的。

②被认为"更严格"的测试条件（时间和温度）：第 97/48/EC 号指令中第 2 章第 2 点已经给出了一些更严格测试条件的例子。指令中承认，对于打算在任何时间和温度条件下与食品接触的塑料材料和物品，在 100℃ 或回流温度下用模拟物 B 和模拟物 C 进行 4h 或在 175℃ 下用模拟物 D 进行 2h 的试验，可认为比实际选择的任何其他材料和物品更为严格。

其他在实践中容易发生情况如下所述。

a. 为了在较高的温度下进行测试，避免在接触时间不变的情况下在较低的温度下测试样品。

b. 一种食品接触材料，用于单独的接触时间和温度分别为 −20℃ 长期保存；室温下长期保存；在沸水中加热食物（水浴）。

应分别测试：5℃ 下，10d；40℃ 下，10d；100℃ 下，2h 或回流温度这三种情况，以覆盖单个的接触条件。然而三个单项测试可由 2h、100℃ 和 10d、40℃ 两种条件各一次联合测试取代，该测试将涵盖上述三种测试。另一种办法是在 40℃ 下进行 10d 的测试，在 100℃ 下进行 2h 的测试。这样还将涵盖 5℃ 的 10d 的条件。

（6）挥发性物质迁移 97/48/EC 指令中第 2 章第 3 点提供以下条款：

在测试挥发性物质的特定迁移量时，用模拟物进行的试验应以承认在最极端的可预见使用条件下，可能发生的挥发性迁移损失方式进行。

在封闭系统中（即完全浸入气密室）进行测试，结果更可重复，最好在第一次使用这种方法。然而在最极端的情况，对于大多数材料，如瓶子、袋子、容器等，挥发性物质的损失将发生在实际使用的预期食品。如果塑料在封闭系统中得到的结果在特定的迁移范围内，那么对于正在考虑的接触材料来说，塑料是可以接受的。如果迁移超过了极限，那么塑料就不应该被拒绝，而应该使用更有代表性的实际使用的暴露方法进行重新测试。应该指出的是，如果对接触方案的有效性仍然存在疑问，那么对于许多挥发性物质来说，可以选择其他方法来衡量迁移到实际食品本身的情况。

（7）特殊情况

①97/48/EC 指令第 2 章第 4.2 点规定了以下条款：

"如果发现在表 3−2 规定的接触条件下进行的试验导致在使用所审查材

料或物品的最极端可预见条件下没有发生物理或其他变化，则迁移试验应在不发生这些物理或其他变化的最极端可预见使用条件下进行"。

在某些情况下，某些食品接触材料在特定的时间和温度条件下与特定的食品接触，迁移试验无法维持实际的使用条件。这种情况则选择"更严格"的温度条件。

例如，外卖食物，比如表面上布满游离脂肪的炒饭，装于聚苯乙烯或LDPE 托盘，在70℃以上的温度下将保持超过15min。在日常情况中，托盘能够保持食物没有任何可见的变化。由于实际接触条件，必须在100℃下用橄榄油测试托盘1h。在100℃时，托盘可能变形，或者在与脂肪模拟物接触时更糟。在这种情况下选定的试验条件可以是较低温度下的较长时间接触。作为替代条件，在这个例子中可以考虑70℃条件下2h。但也可以选择适当温度以防止托盘变形或熔化的适应时间的条件。在这种情况下，任何书面报告都应该注意到偏差以及关于该偏差的理由。

食品接触材料在接触食品模拟物时溶胀的物理变化不作为是一个相关的变化。通常情况下，很难发现，也很可能在日常使用中发生。即使使用易挥发脂肪食品模拟物，溶胀也不应被认为是食物接触材料的显著变化。

②迁移测试的常规条件范围外测试：第97/48/EC 号指令规定了以下条款，"在表3-2的试验接触条件（例如接触温度大于175℃或接触时间小于5min）中未充分涵盖迁移测试的常规条件的情况下，可使用更适合于所审查案例的其他接触条件，必须是选定所研究的塑料材料或物品最极端的可预见的接触条件"。

在这种情况下，建议的一般准则是申请人或负责人负责告知所使用的特殊条件及其选择理由。

③另一种测定特定迁移水平的方法：原则上 2002/72/EC 号指令中规定，具体的迁移量应由"分析性确定、释放一种或多种物质的特定量、样品释放、（向）食品接触材料或食品模拟物释放"决定。通常的做法是直接分析进入食品模拟物的物质浓度。然而在某些情况下，可以分析在迁移试验之前（QI）和之后（QF）所释放的物质的差异。这种差（DQIF，量差）与所用塑料和模拟物的质量相结合，可用来计算释放到模拟物中的物质浓度。要完成此过程，分析人员必须确保用于确定 QI 和 QF 的方法具有足够的精密度和精度特征，足以可靠地估计 DQIF 值。

（8）替代试验

①97/48/EC 指令中规定了以下条款：

"在第2.2规定的"常规替代试验条件"下使用"试验介质"的"替代试验"，如使用脂肪食品模拟物的迁移试验因与分析方法有关的技术原因而不可行，则可采用替代试验"。

证明使用替代测试的合理性可能存在各种情况。然而采用替代测试的主要原因有两个，即：

a. 由于与试验有关的技术原因（如干扰、不油的完全浸提、塑料质量不稳定、脂肪模拟物吸收过多、组分与脂肪反应）而不适用于可能的模拟物 D 试验。

b. 当橄榄油的分析方法对特定物质不敏感时，申请人必须提供额外的毒理学数据，以满足 EFSA 合理要求的毒理学数据（例如，无法检测到检测极限大于 0.05mg/kg 迁移）。

由于ⓐ项下的标准过于笼统，而且由于替代测试的使用应尽可能少，特别是在申请书中，分析人员应在技术档案中说明不使用模拟物 D 的试验的理由或理论支持。一般来说，所要求的支持如下：

a. 对试验失败的解释；

b. 所进行试验的概要；

c. 一些相关数据和可视证据，例如色谱图；

d. 应提供说明该物质在脂肪模拟物中以及在替代试验中使用的萃取介质中的近似溶解度，以及该物质在橄榄油中的稳定性或预期稳定性的补充数据，以帮助认同萃取介质的决定。

应该强调的是，如果使用另一种模拟物 D（如 HB 307）可以避免使用橄榄油的技术困难（例如对油酸峰的干扰），则应使用前者。

还应强调的是，替代试验通常被视为等同于使用模拟物 D 的试验，还原系数也适用于替代试验中使用的萃取介质。

模拟物 D 替代或不替代的一些典型例子如下所述。

膨胀聚苯乙烯样品具有开放的细胞结构，通常会吸收大量的脂肪模拟物。当约 400mg/dm^2 的脂肪模拟物被 1dm^2 的试验材料吸收时，考虑到在测定脂肪模拟物的量时有 1%～4% 的分析误差，将超过 3mg/dm^2 的分析限。在这种情况下，除非能够更准确地测量测试样本吸收的脂肪量，否则不可能确定整体迁移到脂肪模拟物中的量。

水分敏感材料必须在接触脂肪模拟物前后保持恒定的质量。例如，对于厚聚酰胺样品，可能无法通过相关 CEN 指定方法来获得恒定质量。在这种情况下，脂肪测试是不适用的，应该进行替代测试。

在从测试样品中提取的油的气相色谱中，可以在规定的内部标准的保留时间内观察到干扰。如果出现这种情况，应使用另一种内部标准，因此不能接受替代试验。

含有 2mg/dm^2 以上添加剂的聚合物样品，在油酸保留时间干扰 GC 测定时，应使用不存在油酸的脂肪模拟物进行测试。在这种情况下，像 HB 307 或米糖醇 812 这样的脂肪模拟物是最合适的。替代试验可能是无法接受的。

在确定具体迁移时，其他困难可能需要采用替代测试，例如：用脂肪模拟物的迁移反应。已知的胺类物质，如六甲基二胺和乙二胺，在接触期间与油的化学成分发生反应。因此无法确定迁移的结果，需要进行替代测试。

分析方法灵敏度不足。通常情况下，在特定迁移量（SML）较低的情况下，即使采用更有利的体积与接触面积之比（通常为 $1kg/6dm^2$），也没有任何分析方法可以证明迁移量小于 SML。如果作出了合理的努力来开发一种敏感的方法，使用替代试验是可以接受的。一个典型的例子是抗氧化剂，它的 SML 很低，不能从脂肪模拟物中分离到一个可以接受的水平。

②指令 97/48/EC 第 3 章第 2 点提供以下条款，适用于总体迁移和特定迁移：

"通过减损…，可以省略一两个替代测试…。如果这些测试通常被认为不适合在科学证据基础上考虑的样本"。

整体迁移和特定迁移都受到聚合物的物理性质、迁移和模拟的影响。以下参数能影响到向模拟物的迁移，以及影响转移到测试介质中的量的参数如下：

a. 聚合物的物理性质和极性。

b. 聚合物中迁移体的扩散系数。

c. 模拟物或测试介质与聚合物或迁移者的相互作用。

d. 测试的时间和温度条件。

橄榄油（或其他非挥发性脂肪模拟物）对聚合物的渗透可大大加快迁移过程。因此，在相应的时间和温度条件下，替代介质与材料的相互作用应接近或略大于模拟物 D。然而，确定模拟物或测试介质与聚合物相互作用可能比较复杂。在某些情况下，迁移物与食品模拟物的亲和力可以通过其在模拟物中的溶解度来反映。在这些情况下，当迁移物在模拟或测试介质中难以溶解时，转移的量预计会很低。因此在相应的时间和温度条件下，在模拟 D 和试验介质中的溶解度（或溶解度范围）的比较可以作为帮助选择最合适的测试介质的第一指标。

例如：95% 乙醇（体积分数）是非极性聚合物（如聚烯烃）的适宜测试介质，也适用于 PVC 和 PET 等极性中等的塑料。但是对于强极性聚合物（如PA）来说，这是不合适的，如果超过极限就可以使用异辛烷。

建议分析人员保留模拟物 D 与替代试验中所使用的测试介质的比较曲线。国家执法当局和委员会服务处应根据这些曲线，以核实遗漏测试介质的有效性。这些比较曲线应始终添加在申请书中，以便达成欧盟协议。

③试验介质

a. 标准异辛烷：大多数已发表的数据表明，异辛烷作为一种挥发性测试介质适宜于在替代脂肪测试中用于测定整体迁移。在"用常规和替代脂肪食品模拟物进行迁移试验"的欧盟委员会第 33 号修订项目 1 中，概述了当时（1996 年 2 月）使用脂肪模拟物或挥发性测试介质获得的所有比较数据。该编译可用于指示所选挥发性测试介质的适用性。然而，需要注意的是，某些特殊类型的聚烯烃可能会给出迁移值，而异辛烷值比实际使用预期的要高。此外，含有 6.5% 以上的聚丁二烯和/或矿物油的聚苯乙烯可能会产生较高的结果，而聚酰胺的结果可能较低。

关于特定迁移到异辛烷的数据较少，因此在特定迁移测试中使用异辛烷应逐案考虑。

b. 95% 乙醇（体积分数）：前面也提了关于使用 95% 乙醇（体积分数）作为挥发性试验介质替代试验的有用数据。而且，在这种情况下，主要是提供总体迁移数据。通常情况下，橄榄油与 95% 乙醇（体积分数）的比较效果较好。结果表明，95% 乙醇（体积分数）比异辛烷更适合测试聚苯乙烯/丁烯共混物。然而，与大多数聚烯烃相比，用 95% 乙醇（体积分数）得到的值往往比橄榄油略低。关于特定迁移到 95% 乙醇的数据相对较少，因此，在特定迁移测试中使用 95% 乙醇（体积分数）应逐案审议。

c. 改性聚苯醚（MPPO）：为了规避由食品模拟物 D 在高温下的总体迁移测定所引起的分析困难，已经开发了另一种测试，使用 MPPO 作为吸收试验介质。指令草案规定在应用本试验前应满足的条件，如：在可预见的情况下，接触温度高于 70℃；"比较试验"的结果等于或大于试验或上述替代试验或具有代表性食品的结果；未超过迁移限制。

与 [14]C 标记的 HB 307 的比较研究表明，在聚丙烯和聚醚酰亚胺塔板上，分别在 2h、100℃和 2h、175℃的实验条件下，MPPO 的吸附量相当于脂肪模拟物 D 中的总迁移量。此外，对一些有机物质的进一步研究表明，MPPO 对比萨饼、糕点等真正的食品具有更强的吸附能力。

d. 其他替代介质：由于与分析方法有关的技术原因，两种替代试验都被认为是不可行的，这种情况应该非常罕见。然而，为了在所有可能的情况下提供法律指导，该文本提供了使用其他介质的可能性，例如：MPPO 或异丙醇（异丙醇应该在 95% 乙醇的相同条件下使用）。

（9）替代试验

①97/48/EC 指令规定了以下条款：

允许使用本节规定的替代测试结果，条件是满足以下两项条件：

a. '比较试验'的结果表明，该值等于或大于模拟物 D 的试验结果；

b. 在采用指令 85/572/EEC 中规定的适当减少因素后，替代测试中的迁移不超过迁移量。

如果其中一种或两种条件都未满足，则必须执行迁移测试。

关于脂肪食品模拟试验，如果某些特定条件得到满足，可在高温下使用萃取能力强的挥发性溶剂。

该指令没有具体规定如何在实践中证明替代测试的等效性或更大的严重性。在实践中，频率将取决于所审查的具体情况。如果替代试验给出的释放物质的数值高于模拟物 D 的数值，则不需要经常重复比较试验（检查），只要制造过程确保最终物品特性的重现性保持不变的可能性较高。在这种情况下，每年一次的检验就足够了。如果不满足这些条件，则应更频繁地进行检查。

应该强调的是，由于替代试验通常被视为等同于或给予比使用模拟物 D 的试验更高的价值，因此减少系数也适用于替代试验。

②挥发性介质替代测试：该指令没有指定用作模拟 D 的替代物的易失性测试介质的类型以及要使用的测试条件。事实上，模拟剂 D 的测试条件与替代挥发性介质之间是不可能建立一般关系的。

因此，每个分析人员应选择适当的替代挥发性介质，同时考虑到第 2.8.2 点中提到的一般考虑因素，并为每种聚合物构造迁移曲线（根据第 2 章的规则，在指令规定的不同温度下随时间迁移）。从这些曲线中，应选择与替代测试介质一起使用的测试条件，迁移量高于模拟物 D 所获得的迁移值，以获得相同或更好的结果。建议选择不同的挥发性介质的测试条件，这样就可以在获得的橄榄油和挥发性介质获得的值之间有足够的安全边际。

③ 浸提试验：97/48/EC 指令第 4 章第 3.2 项提供以下条款：

在非常苛刻的测试条件下，使用具有很强的提取能力的介质的其他测试，如果在科学证据的基础上被普遍认可，则使用这些测试获得的结果（提取试验）等于或高于模拟物 D 所获得的结果。

在此基础上，开发了使用二乙醚、异辛烷、95% 乙醇（体积分数）等适当溶剂的快速萃取试验。获得与聚合物的强相互作用，并由此得到快速浸提试验。这允许确定潜在的迁移量，一般来说，高于迁移到食物模拟物中的量。这些浸提试验最适合于厚度小于或等于 300μm 的软包装塑料的整体迁移评估。目前发现适当的测试介质为非极性塑料的异辛烷，例如聚烯烃和 95% 乙醇（体积分数）用于更多的极性塑料，如聚酰胺。如有疑问，应使用两种测试介质，并使用更高的结果。测试条件为 40℃下 24h。该方法也可以应用于较厚的材料，但不能超过 10mg/dm² 的总迁移量。

该方法也适用于特定的迁移评估，如果可以证明它几乎完全从聚合物中提取出来，然后在总质量转移假设下进行最大可能的迁移。

3. 最大可能迁移量的计算

最大可能的迁移可以根据聚合物样品中迁移的残留或实际含量来计算。为此目的，必须通过聚合物的彻底萃取或溶解来确定聚合物中的迁移量。

这种方法的优点是可以很容易地推断出由同一聚合物制成的任何其他食品接触材料，只需进行一次测试。具体计算公式如下：

$$M = (Q \times A \times Lp \times D)/1000$$

式中　　M——以食品接触材料表达的物质的最大可能迁移量，mg/kg 或 mg/6dm^2；

　　　　Q——成品中物质的量，mg/kg（以聚合物计）；

　　　　A——食品接触材料的面积（默认为 600 cm^2）；

　　　　Lp——食品接触材料的厚度，cm；

　　　　D——聚合物密度，g/cm^3。

注：最大厚度可以设定在 0.025cm，这通常被认为是最大的迁移，除了塑料聚合物和迁移的成分的低扩散系数（挥发性组分）。

例如：在密度为 0.95g/cm^3 的聚乙烯中，聚合物中 X 迁移的残留量为 4.5mg/kg。该食品接触材料被广泛用于最大厚度为 0.018cm 的材料中。那么最大迁移量可能结果：$M =$（$4.5 \times 600 \times 0.018 \times 0.95$）/1000 $= 0.046$（mg/kg）。

4. 迁移测试的豁免

确认符合特定迁移量（SML）的方法应遵循以下其中一种方法：

（1）根据第 1 段（试验值）进行迁移测试。

（2）确定成品或物品（Q）中某一物质的量，前提是通过适当的试验确定 Q 值与该物质的特定迁移值（M）之间的关系；

（3）确定物质或物品（Q）中物质的量，前提是在科学证据的基础上应用一般公认的扩散模型，确定了 Q 值与该物质的具体运移值（M）之间的关系。

要判断材料或物品的不合格性，必须通过实验测试确认估计的迁移值。[①]

例如，在以下情况下可以无需迁移测试：

（1）当要测试的物质的具体限度高于实验或计算中发现的总的迁移水平时（见第 2002/72/EC 号指令，第 8 条，第 2 项）；

（2）假设 100% 迁移（见第 3 点）时，在任何可预见的情况下都不能超过该极限。[②]；

（3）根据 EC 指令或本文件中所确定的标准，当测试被认为不那么严

---

① 82/711/EEC 号指令第 2 次修正案中有相同的句子，当"参考橄榄油"以外的脂肪模拟物超过迁移极限时

② 在这种情况下，申请人应提供一种适当的方法来分析成品中的物质。

重时;

（4）当可以用公认的扩散模型证明材料中物质的数量在任何可预见的条件下都不超过极限时;

（5）当一种物质在成品或制品（Q）中的数量与该物质的特定迁移量（M）之间的关系已通过适当的试验确定，则迁移试验可由测定成品或制品中的物质取代;

5. 与迁移测试有关的标签

97/48/EC 号指令第 1 章第 2.2c 项规定，当某一材料或物品预计或不与某些食品或食品集团接触时，有义务作出适当说明。按照这个规则本指示应明确表示:

（1）在零售阶段以外的销售阶段，使用 85/572/EEC 指令表中提供的"参考编号"或"食品说明"。

（2）在零售阶段，使用只指少数几种食物或各类食物的指示，最好附有易于理解的例子。

已知一些膜不能符合脂肪试验中的迁移限制，除非可以使用减少因子。通常被称为"因子 X 膜"，这是一种符合 X 的还原因子后的脂肪测试中迁移极限的膜。例如，在一个 $20mg/dm^2$ 整体迁移的脂肪测试中，仅当接触食品的还原系数为 2 时，符合整体迁移量为 $10mg/dm^2$，该膜被称为"因子 2 薄膜"。

这些可以在大卖场等中出售的薄膜应该被适当地贴上标签，以排除消费者可能会将膜与食物或没有适当减少因子的食品组接触的可能性。一些适当标签的例子如下:

（1）因子 2 薄膜　因子 2 薄膜适用于与所有食品接触，但纯脂肪和油除外，以及保存在油类介质中的食物。

（2）因子 3 薄膜　因子 3 薄膜适用于与所有食品接触，但纯脂肪和油、黄油和人造黄油以及保存在油介质中的食品除外。

（3）因子 4 薄膜　因子 4 薄膜仅适用于鲜肉及家禽、加工肉制品、油炸或烤食品、水果和蔬菜、冷冻食品、烘焙产品和实心糖果。

附录一┃美国 FDA 的 3480 表格

第 I 部分　一般信息	
1. 提交日期（年/月/日）	2. □确定所有电子文件无病毒（请确定）
3. 提交的类型（选择 1 项） □食品接触通告（FCN）　　　□通告前的咨询（PNC）　　□食品主档案（FMF） （对于 PNC 或 FMF，您只需填写与提交目的相关的表格中的项目；见说明）	
4a. 此表格和文件包含在提交的文件中：（选择合适项目） □FDA 电子安全网关（ESG）□信件/邮件（电子）　　□信件/邮件（纸质文件） 4b. 如果通过信件/邮件发送，请说明格式（例如类型）和副本数量： _____	

5a. 提交人信息	联系人姓名：	地址：		
	公司（如果适合，请填写）			
	通讯地址（详细到街道号）			
城市：	州或省：	邮编：		国家：
联系电话：	传真号码	E-mail：		

5b. 代理人或授权人	联系人姓名：	地址：		
	公司（如果适合，请填写）			
	通讯地址（详细到街道号）			
城市：	州或省：	邮编：		国家：
联系电话：	传真号码：	E-mail：		

5c. 确定对食品接触通告（FCN）有效的制造商/供应商：	
6. 列出所有与此提交相关的项目 7 下未列出的 PNC、FMF、信函和 FCN（使用 FDA 指定的编号，例如"pnc 099999"）。	如果无，请填"×" □
7. 如果您以前为这种物质提交了 FCN 或 FAP，该物质无效或有效，但用于不同用途，请输入 FDA 指定的 FCN 或 FAP 编号。	如果无，请填"×" □
8. 对于 PNC 或 FMF，请简要说明所提供的信息，并说明提交的目的（或附上此说明）。 □附件列表中的附件编号_____	

续表

第 Ⅱ 部分　化学物质信息

A 节 – FCS 的识别　　　　　　　　见化学建议，第 Ⅱ. A 节
1. 化学文摘服务（CAS）名称
2. 美国化学文摘服务社登记号
3. 商品名或统称
4. 其他化学名称（国际理论和应用化学联合会 IUPAC，等）
5. 描述 　　　附上 FCS 的说明，包括化学公式、结构和分子量。对于不能用离散的化学结构（如新聚合物）来表示的 FCSs，需提供具有代表性的化学结构、M_w 和 M_n。对于新的共聚物，提供共聚物中各单体的比例。 □ 请见附件列表中的附件编号＿＿＿＿＿＿＿＿＿＿＿＿＿＿＿＿＿＿＿＿＿ □ 请见其他 FDA 文件＿＿＿＿＿＿＿＿＿＿＿＿＿＿＿＿＿＿＿＿＿＿＿ 备注：

A 节 – 食物接触物质的鉴定　　　　　　见化学建议，第 Ⅱ. A 节
6. 特征 　　　附加数据，如可以确定 FCS 的红外（IR），紫外线（UV），核磁共振（NMR），质谱，或其他类似的数据。 □ 请见附件列表中的附件编号＿＿＿＿＿＿＿＿＿＿＿＿＿＿＿＿＿＿＿＿＿ □ 请见其他 FDA 文件＿＿＿＿＿＿＿＿＿＿＿＿＿＿＿＿＿＿＿＿＿＿＿ 备注：
7. 分子量（仅限聚合物 FCSs） 　　　提供数据，说明分子量分布，包括 1000 道尔顿以下的低分子量聚合物（不包括残留单体、反应物或溶剂）的最大百分比，并在下面报告这一百分比。应包括分析方法。 　　　低于 1000 道尔顿的比例：＿＿＿＿＿＿％（确定本表格第 Ⅱ. G 节中消费者对 LMWOs 的接触。） □ 请见附件列表中的附件编号＿＿＿＿＿＿＿＿＿＿＿＿＿＿＿＿＿＿＿＿＿ □ 请见其他 FDA 文件＿＿＿＿＿＿＿＿＿＿＿＿＿＿＿＿＿＿＿＿＿＿＿ 备注：

续表

8. 规格
附上 FCS 的物理和化学规格清单，如密度、熔点、最大杂质水平和在食品模拟物中的溶解度。对于新的聚合物，提供玻璃化转变温度，特性或相对黏度，熔体流动指数，形态和结晶度。视情况提供最小或最大规格限制或范围。此外，还包括至少三批 FCS 的规格测试结果和确定符合规格的分析方法。 □请见附件列表中的附件编号_____ □请见其他 FDA 文件_____ 备注：

B 节－工艺　　　　　　　　　　　　　　见化学建议，第Ⅱ.A.4.a 节至 c 节
1. 制造工艺
附上对 FCS 制造工艺的描述，包括反应条件（例如数量、时间和温度），并包括所有合成步骤和副反应的化学方程式和化学计量。描述任何纯化步骤。 □请见附件列表中的附件编号_____ □请见其他 FDA 文件_____ 备注：

2. 生产原料
在表 1 中，列出所有用于制造 FCS 的试剂、单体、溶剂、催化系统、纯化助剂等。包括化学名称，CAS 号，以及在 FCS 的制造中起的作用。注意：由于 FDA 系统会捕捉到此表单中输入的信息，因此即使您选择将此信息列入附件中，也应该将此信息直接列在表单上。

表 1　生产原料

化合物名称	CAS 号	作用	最终的食物接触材料中是否含有残余物?**
			□是 □否
			□是 □否
			□是 □否
			□是 □否
			□是 □否
			□是 □否
			□是 □否
			□是 □否

续表

			□是
			□否
			□是
			□否
			□是
			□否
			□是
			□否

＊＊如果是，请填写表2。如果不是，请在制造过程描述中支持这一结论（上面的第一条）。

C 节 – 杂质	见化学建议，第Ⅱ. A. 4. d 节和Ⅱ. A. 5 节

杂质

　　在表2中，在 FCS 中输入杂质信息，包括：化学名称，CAS 号、数量，典型的及最大的残留水平（质量比例），在 FCS，因为它将被销售。对于聚合物的 FCSS，包括典型的和最大的残余单体浓度。还应附上剩余水平的辅助数据，包括分析方法和验证信息。注意：由于 FDA 系统会捕捉到此表单中输入的信息，因此即使您选择将此信息列入附件中，也应该将此信息直接列在表单上。
□请见附件列表中的附件编号＿＿＿＿＿＿＿＿＿＿＿＿＿＿＿＿＿＿＿＿＿＿＿＿＿＿＿
□请见其他 FDA 文件＿＿＿＿＿＿＿＿＿＿＿＿＿＿＿＿＿＿＿＿＿＿＿＿＿＿＿＿＿＿＿
　　备注：

表 2　杂质

化合物名称	CAS 号	典型残留量/%	最大残留量/%	是否会向食物迁移?＊＊
				□是 □否
				□是 □否
				□是 □否
				□是 □否
				□是 □否
				□是 □否
				□是 □否
				□是 □否

如果是，请确保第Ⅱ. G 节所述及对这些物质的接触。如果不是，附上一份解释。

续表

D 节 – 预期用途　　　　　　　　见化学建议，第 Ⅱ. B 节和第 Ⅱ. C 节

1. 预期用途

　　（1）指明是否打算单独或重复使用（或两者兼用）：□ 单独使用　　　□ 重复使用

　　（2）附上功能界别的预期用途说明。包括：

　　a. 在食品接触材料中的最大使用量、或预期使用 FCS 的接触物品类型（例如薄膜、涂层、模制物品）和适用的最大厚度。

　　b. 食品类型（参见"食品类型定义"表 1 中的食品类型和食品接触物质的使用条件）；如果已知的话，请提供具体的例子。

　　c. 使用条件：食物接触的最高温度和次数（指食品种类定义表 2 中的使用条件和食品接触物质的使用条件）。

2. 对于重复使用的物品，提供一个典型的使用场景。包括最高的预期使用温度，最大的食品接触时间，和在产品使用寿命内接触到的量。

□请见附件列表中的附件编号_____

□请见其他 FDA 文件_____

备注：

3. 预期技术效果

　　附上对 FCS 预期的技术效果的说明。附上数据，证明现场控制系统将达到预期的技术效果。具体解决实现预期技术效果所需的最低数额。

□请见附件列表中的附件编号_____

□请见其他 FDA 文件_____

备注：

E 节 – FCS 的稳定性　　　　　　　见化学建议，第 Ⅱ. B 节和第 Ⅱ. D. 2 节

1. FCS 的稳定性

　　描述任何分解降解（例如，氧化、光解、水解）或预期由于 FCS 的预定用途而产生的其他化学过程，无论是在 FCS 用于制造食品接触物品期间，还是在迁移测试（如果进行的话）含有 FCS 的测试斑块期间。附上任何此类过程的说明。

□请见附件列表中的附件编号_____

□请见其他 FDA 文件_____

备注：

2. 降解产物

　　在表 3 中输入由于使用 FCS 而形成的任何退化产品或其他产品，提供 CAS 名称，CAS Reg。编号并酌情附加结构。解决任何可能迁移到食物的产品的数量。确保本表格第二. G 节述及对这些物质的接触。注意：由于 FDA 系统会捕捉到此表单中输入的信息，因此即使您选择将此信息列入附件中，也应该将此信息直接列在表单上。

□请见附件列表中的附件编号_____

□请见其他 FDA 文件_____

备注：

续表

表3 由于使用 FCS 化学品而形成的降解或其他产品		
化合物名称	CAS 号	是否迁移至食品?＊＊
		☐是 ☐否
		☐是 ☐否
		☐是 ☐否
		☐是 ☐否
		☐是 ☐否
		☐是 ☐否
＊＊如果是，请确保第Ⅱ.G 节述及对这些物质的接触。如果否，附上一份解释。		
F 节 – 食品中的迁移量		

FCS 或任何物质（如杂质、低聚物、降解产物）因 FCS 的预定用途而在食品中的迁移水平可通过迁移测试或计算来估算。见化学建议，第Ⅱ.D 节。

对于重复使用的物品，使用迁移测试和/或计算来估算移民在食物中的水平，这些测试和/或计算考虑到该物品在使用期间接触食物的数量。

1. 迁移测试选项　　　　见化学建议，第Ⅱ.D.1 至第3节

（1）附上迁移试验的完整报告，包括：

a. 测试样品的描述，包括全部组成（例如，基本聚合物的共聚单体组成、辅料的特性和浓度、残余单体的水平）、尺寸（厚度和表面积）以及相关的聚合物性能（例如密度、TG、TM、结晶度）。说明标本是用完全浸没法提取的，还是单面暴露于溶剂中。见化学建议Ⅱ.D.1.a 节、b 节。

b. 食品或食品模拟物，萃取次数和温度，每次提取模拟物的体积，以及食品模拟物的体积 – 样品比［例如，10%乙醇，使用条件 A（121℃/2h，然后 40℃/238h），每次提取 10%乙醇溶液 200mL，10mL/in²］。如果食品模拟物体积与样品的表面积比小于 10mL/in²，则提供证据（如浊度或沉淀数据），表明食物模拟物没有出现饱和现象。见化学建议Ⅱ.D.1.c 节、d 节。

c. 表4 详细说明了分析方法、原始数据（如峰面积）、样品仪器输出（例如色谱图或光谱），以及将仪器输出与以 mg/in² 为单位报告的迁移量有关的样本计算，见表4。见化学建议Ⅱ.D.3.a 节至 d 节。

d. 方法验证结果的总结。提供所有分析物、食品或食品模拟物平均回收率强化（尖峰）水平。完整的细节，包括扣除程序和计算的描述，必须包括在内。见化学建议第Ⅱ.D.3.e 节。

☐请见附件列表中的附件编号_____

☐请见其他 FDA 文件_____

备注：

续表

（2）在表4中，总结了每个测试样本的迁移测试结果。在所有时间点给出每个模拟物中所有分析物的单个和平均迁移值（mg/in²）。对于新的聚合物，提供一个低聚物迁移的测量，如果可能的话，描述个别的相对分子质量低聚物组分。见化学建议ⅡD.2节。

□请见附件列表中的附件编号 _____

□请见其他 FDA 文件 _____

备注：

表4　迁移测试摘要

试验样品配方	迁移	食品或食品模拟物	分析温度和时间	迁移量（每个重复）	平均迁移量（重复的平均）

2. 迁移量计算

见化学建议，第Ⅱ.D.5节讨论100%迁移计算，Ⅱ.D.4关于 FDA 迁移数据库的信息，Ⅱ.D.5节关于迁移模型。

　　a. 某些迁移物的迁移量是通过计算估计的吗？　　□是　□否

　　b. 附上一份关于所使用的数学方法的说明，以及估算 FCS 或任何迁移物质的食品迁移量的方法，例如 FCS 中的杂质、单体或分解产物。充分描述在推导估计时所作的假设，并显示所有的计算。

□请见附件列表中的附件编号 _____

□请见其他 FDA 文件 _____

备注：

续表

G 节 – 估计每日摄入量（EDI）	见化学建议，第 Ⅱ.E 节

通报使用的膳食浓度（DC）和 EDI 必须由 FCS 和任何迁移物的申请人计算。申请人还负责提供累积 EDIS（CEDI），以反映任何以前规范、通知或以其他方式授权的 FCS 用途。申请人可能希望在提交通知之前咨询 FDA 以获取这一信息。

1. 单独使用物品

附件中显示了所有迁移物 EDI 的代表性计算，清楚地描述计算中使用的食物类型分配系数（f_T）和消费系数（CF）（见化学建议）。如果使用 f_T 和/或 CF 值（FDA 指定的值除外），则必须附上支持这些因素的推导和使用的信息。计算 EDI 的公式如下：

$$EDI = DC \times 3kg/人/d$$
$$= CF \times <M> \times 3kg/人/d$$
$$= CF \times [(M_{aq})(f_{aq}) + (M_{ac})(f_{ac}) + (M_{al})(f_{al}) + (M_{fat})(f_{fat})] \times 3kg/人/d$$

公式中，M 是迁移到食品中的浓度；M_i 是模拟物 i 的迁移水平；"aq"代表水，"ac"代表酸，"al"代表乙醇，"fat"代表脂肪。

□ 请见附件列表中的附件编号＿＿＿＿＿＿＿＿＿＿＿＿＿＿＿＿＿＿＿＿＿＿＿＿

□ 请见其他 FDA 文件＿＿＿＿＿＿＿＿＿＿＿＿＿＿＿＿＿＿＿＿＿＿＿＿＿＿＿＿

备注：

2. 重复使用物品

利用第 Ⅱ.F 节确定的食品移水平和第 Ⅱ.D.2 节所述的重复使用情况信息，显示了用于确定迁移物质的 DC 和 EDI 的计算结果。

□ 请见附件列表中的附件编号＿＿＿＿＿＿＿＿＿＿＿＿＿＿＿＿＿＿＿＿＿＿＿＿

□ 请见其他 FDA 文件＿＿＿＿＿＿＿＿＿＿＿＿＿＿＿＿＿＿＿＿＿＿＿＿＿＿＿＿

备注：

3. 化学物质信息概要

在表 5 中，输入 FCS 和任何迁移物的 M、DC 和 EDI 的值，包括寡聚物（对于未指定的低聚物，使用化学名称和 CAS 号）和降解或其他产品。提供 CEDI 已包括此用途。注意：由于 FDA 系统会捕捉到此表单中输入的信息，因此即使您选择将此信息列入附件中，也应该将此信息直接列在表单上。

□ 请见附件列表中的附件编号＿＿＿＿＿＿＿＿＿＿＿＿＿＿＿＿＿＿＿＿＿＿＿＿

□ 请见其他 FDA 文件＿＿＿＿＿＿＿＿＿＿＿＿＿＿＿＿＿＿＿＿＿＿＿＿＿＿＿＿

备注：

续表

表5 化学物质信息概述					
化学物名称	CAS 号	M/(μg/kg)	DC/(μg/kg)	EDI/(μg/kg)	CEDI/(μg/kg)

第Ⅲ部分——安全

1. 安全叙述

附上安全说明，这是一份执行摘要，描述你在本通告所要求的使用条件下确定 FCS 是否安全的科学依据。你的安全叙述应该：

（1）总结化学和毒理学信息，证明 FCS 的预期用途是安全的。

（2）解决有关 FCS 及其成分的安全性的任何负面信息。

（3）解决 FCS 的任何致突变或致癌成分的安全性。

（4）包括终身致癌癌症风险的上限水平和可接受的每日摄入值（视情况而定）。毒理学建议第Ⅵ节提供了关于编写安全材料的完整说明。不需要在安全叙述中提供详细的研究摘要。这类摘要和辅助文件应列入综合的毒理学材料（下文项目2）。

□请见附件列表中的附件编号_____

□请见其他 FDA 文件_____

备注：

2. 综合毒理学概况

附上 FCS 的综合毒理学概况（CTPs），以及由于 FCS 的预定用途而可能迁移到食品中的每一组分（例如杂质、降解产物）。毒理学建议第Ⅶ节提供了关于 CTP 中包含哪些内容的完整说明。

□请见附件列表中的附件编号_____

□请见其他 FDA 文件_____

备注：

续表

3. 相关毒性研究
在表6中，提供关于每一项已发表和未发表的毒性研究的信息，这些研究都与预期用途中的FCS的安全性有关，这些研究包括在本申报材料中，或在本材料中注意：由于FDA系统会捕捉到此表单中输入的信息，因此即使您选择将此信息列入附件中，也应该将此信息直接列在表单上。 　　（1）输入每种试验物质及其化学文摘社的化学名称。并在化合物名称下列出对该化合物的每一项毒性研究。 　　（2）对于所列的每项研究，以"日期"排列，提供研究报告或出版物的日期（年/月/日）。 　　（3）从下拉菜单中选择毒性研究类型（基于红皮书的术语）。 　　（4）从下拉菜单中选择信息类型。 　　（5）如果该项研究包括在本申报材料中，在表6的"Att. #"下，应提供附件编号与附件清单中载有研究报告的文件名称相邻的附件编号。 　　（6）如果研究资料在其他FDA文件中，提供文件类型（PNC、FCN、FAP、FMF）和参考编号（例如FCN 999999）。 备注：

表 6　相关毒理学研究

实验物质：
CAS 号：

日期	研究类型	信息类型	来源	
			Att. #	FDA 文件

实验物质：
CAS 号：

日期	研究类型	信息类型	来源	
			Att. #	FDA 文件

续表

第Ⅳ部分　环境信息（21 CFR 25）

所有 FCN 提交的材料必须包含 21 CFR 25.32 之下的明确排除要求或 21 CFR 25.40 之下的环境评估（EA）。见环境建议。

A – 分类排除请求

　　以下第 1 项、第 2 项和第 3 项必须填写，才能完成你关于绝对排除的要求。

1. 根据该款提出分类排除的要求，填写以下信息，在"CFR"特定部分旁边的方框中标记（×）：
　　□ 21 CFR 25.32（i）
　　a. 是否希望 FCS 保留成品食品包装材料。□ 是　□ 否（如果"否"，则声明无效）
　　b. FCS 是否是成品食品包装材料涂层的组成部分？□ 是　□ 否
　　c. FCS 是否是成品食品包装材料中的非涂层成分？□ 是　□ 否
　　d. 如果 FCS 是一个非涂层成分，那么 FCS 在成品食品包装材料中所占的百分比是多少？_____%
　　（如果 FCS 是一种非涂层成分，其重量对成品食品包装材料的贡献率超过 5%，那么申请是无效的。）
　　□ 21 CFR 25.32（j）
　　a. FCS 是否是重复使用物品的组件？□ 是　□ 否
　　b. FCS 是否是永久或半永久食物接触面的组成部分？□ 是　□ 否
　　□ 21 CFR 25.32（k）
　　□ 21 CFR 25.32（q）
　　a. 当前的 FIFRA 标签是否提供？□ 是　□ 否
　　b. 所申请的使用是否基本上与 FIFRA 标签上指定的用途相同？□ 是　□ 否
　　（如果目前的 FIFRA 标签对食品接触用途有限制，那么提供一份你打算提交给 EPA 的修订标签的草稿副本，以包括食品接触用途）。
　　□附件编号_____　　　　　□其他 FDA 文件_____
　　□ 21 CFR 25.32（r）

2. a. 您建议的食物接触使用是否符合绝对排除标准？□ 是 □ 否（如果否，请至下方的 B 部分）
　　b. 如果提交的其他部分没有证明遵守明确排除标准，FDA 可要求提供补充资料（见"环境建议"第Ⅱ.B 节）。如果您已附加此类信息，请指明位置。
　　□附件编号_____　　　　　□其他 FDA 文件_____

3. 据您所知，是否有任何特殊情况需要您提交 EA（见 21 CFR 25.21）？□ 是　□ 否（如果是，请至下方的 B 部分）

B – 环境评估（EA）
见环境建议

□一个 EA 是必需的，并根据 21 CFR 25.40 编制并附呈。
注意：EA 是一份公开文件，不应包含机密信息。这类信息应列入 FCN 的单独一节，标明为机密，并尽可能在环境评估中加以总结。
□附件编号_____　　　　　□其他 FDA 文件_____

119

续表

第 V 部分　证书
你在这份申请中所作陈述的准确性应该反映出，你对本文所描述的化学物质的预期事实的最佳预测。根据"美国法典"第 18 条第 1001 条，任何明知和故意曲解将受到刑事处罚。通告方证明此处提供的信息是准确和完整的，尽他/她所知。
获授权官员或代理人签名 印刷名称和标题   　　　　　　　　　　　　　　　　　　　　　　　　年　　　月　　　日
第 VI 部分　附件清单
请列出以下表格所列的所有文件。用适当的描述性文件名（或纸质文档的标题）清楚地标识每个文档。您应该根据文件命名约定应用程序命名电子文档。对于电子提交，从下拉菜单中选择文件夹位置。对于提交的论文，请填写卷号和包括页码在内的页码。

附录二 | 特殊聚合物的多脂食品模拟物

食物油是多脂食品最极端的例子。如果预计要与多脂食品接触，美国 FDA 建议使用食物油作为食品模拟物进行迁移试验。除了食物油像玉米油和橄榄油已经有大量的迁移数据外，还建议使用 HB307（一种合成的甘油三酸酯混合物，主要为 C_{10}、C_{12} 和 C_{14}）作为多脂食品模拟物。美国 FDA 实验室的试验结果表明 Miglyol 812（一种精馏椰子油，沸程为 240～270℃，由饱和 C_8（50%～65%）和 C_{10}（30%～45%）甘油三酸酯组成）是另一种可接受的选择对象。由于使用这些油类进行 FCS 迁移试验并不总是可行的，因此有时需要使用水基溶剂模拟这些液体油脂的作用。但要为所有食品接触聚合物找到一种可以模拟食用油作用的溶剂似乎并不可能，下表列出了多种聚合物，以及对这些聚合物有充分的数据表明可以使用其作为多脂食品模拟物的水基溶剂。推荐使用这些溶剂的基础是建立在美国 FDA 的研究、前身为国家标准局（The National Bureau of Standards）的国家标准和技术研究院（National Institute of Standards and Technology）的研究，以及由 Arthur D Little 管理咨询公司依据其与美国 FDA 的合约的研究基础上。对于没有列入下表的聚合物，申请人应该在进行迁移试验之前咨询美国 FDA。

1.	符合 21 CFR 177.1520 规定的聚烯烃和符合 21 CFR 177.1350 规定的乙二醇二乙酸酯共聚物	95% 乙醇或无水乙醇
2.	刚性聚氯乙烯	50% 乙醇
3.	聚苯乙烯和橡胶粉改性聚苯乙烯	50% 乙醇
4.	聚对苯二甲酸乙二醇酯	50% 乙醇或异辛烷

尽管已经发现无水或 95% 乙醇（体积分数）是聚烯烃的一种有效多脂食品模拟物，但它似乎可以增大其他食品接触聚合物的迁移。

以前的试验方案（1988 年前）推荐使用庚烷作为多脂食品模拟物。考虑到庚烷与食用油相比具有较强的侵蚀特性，从而允许将迁移值除以五。然而，试验结果表明庚烷对食用油的扩大影响可有数量级的不同，不同程度的扩大影响则取决于萃取的聚合物。因此不再推荐使用庚烷作为多脂食品模拟物。

然而美国 FDA 了解到如果预计会发生非常缓慢的迁移,例如无机佐剂或者一些高交联聚合物,由于解析较为容易,仍可以使用庚烷。由于已知庚烷对食用油的扩大影响的方差因此,如果使用庚烷,通常情况下迁移值将不除以任何因数,除非有充分的理由。

附录三 迁移试验精选方案

以下的迁移试验方案旨在模拟大部分食品接触物的预期最终使用条件。基于这些方案的前提：亲水基和脂基食品的迁移通常是在聚合物内控制扩散的、受到食品接触温度的强烈影响、并将进一步被材料中 FCS 的溶解性所改变。因此建议在食品接触过程中食品接触物会遇到的最高温度下，使用模拟食品进行迁移试验。也可以选择使用真实的多脂食品进行试验，尽管通常很难确定锁定的分析物。当以下这些方案没能充分模拟预期的使用条件，或者无法对处于预期最高食品接触温度的模拟食品进行试验时，应与美国 FDA 磋商，选择或设立其他方案。

1. 与使用条件相对应的普通方案（一次性应用）

如附录二中所提到的，当分析的局限性妨碍灵敏精确的分析时，使用多脂食品、纯液体脂肪、或乙醇水溶液对向多脂食品的迁移进行估算。通常使用 10% 乙醇（体积分数）对向含水食品、酸性食品和低酒精含量食品中的迁移进行估算，使用 50% 乙醇（体积分数）对向高酒精含量食品的迁移进行估算。

以下推荐的迁移试验方案旨在模拟聚合物的热处理和延长存储情况，如：在食品温度高于其玻璃转化温度时使用聚烯烃。延长存储期通常包括在温度为 40℃ 下试验 240 h（10d），当聚合物在低于玻璃转化温度下使用时，应将在 10 天期间获得的其迁移数据外推到 30d，以便更好地在常温常态下延长存储后得到更精确的预期迁移水平。

（1）高温，121℃ 或 250℉ 以上的热灭菌或蒸馏[*]。

10% 乙醇^①	121℃（250℉），2h
食用油（如玉米油）或 HB307 或 Miglyol 812	121℃（250℉），2h
50% 或 95% 乙醇^②（体积分数）	121℃（250℉），2h

注：① 需要一个压力传感器或高压灭菌器。当使用产生高于 1 个大气压压力的设备时，应该采取适当的安全防范措施。

② 由食品接触层决定。试验在 2h 高温后，应在 40℃（104℉）的温度下继续进行 238h，总计 240h（10d）。在最初 2h 结束时、在 24h 后、在 96h 后和在 240h 后分别分析试验溶液。

* 使用条件 A 包括在超过 121℃（250℉）下的食品烹饪和重热，以及超过 121℃（250℉）下的短时间高温灭菌或蒸馏灭菌。

（2）沸水灭菌　在使用与使用条件 A 相同的试验方案中，最高试验温度应为 100℃（212℉）。

（3）66℃（150℉）以上的热罐装或巴氏法灭菌　应该在温度为 100℃（212℉）时向试验样品中加入试验溶剂，保持 30min 后，将温度降至 40℃（104℉）。试验槽应在 40℃（104℉）下保持 10d，并在前面方案中提到的时间间隔之后，对样品进行分析。如果热罐装的最高温度低于 100℃（212℉），在最高温度的情况下可以加入试验溶液。或者，可以先在 66℃（150℉）的温度下进行 2h 迁移实验，然后在 40℃（104℉）的温度下进行 238h 的迁移实验。备选方法中，较长时间的低温试验（66℃进行 2h 对 100℃进行 30min）弥补了较短的处于 100℃的时间。

说明：根据使用条件 C 进行的迁移实验只适用于使用条件 C 到 G（不包括使用条件 H）。

（4）热罐装或 66℃（150℉）以下的巴氏法灭菌　推荐的方案与用途（3）相似，除了应在温度为 66℃（150℉）时向试验样品中加入试验溶剂，并保持 30min，然后将温度降至 40℃（104℉）。

（5）室温装罐和储存（不在容器内进行热处理）　申请人应该在 40℃（104℉）的温度下进行 240h 的迁移实验。分别在 24h、48h、120h 和 240h 后分析试验溶液。

（6）冷藏（不在容器内进行热处理）　除了试验温度为 20℃（68℉）外，推荐方案与在（5）中描述的相同。

（7）冷冻储藏（不在容器内进行热处理）　除了试验时间为 5d 外，推荐方案与（6）中描述的相同。

（8）冷冻或冷藏　在使用时被重新加热的现成食品。

10% 乙醇[①]	100℃（212℉），2h
食用油（如玉米油）或 HB307 或 Miglyol 812	100℃（212℉），2h
50% 或 95% 乙醇（体积分数）[①②]	100℃（212℉），2h

注：①需要一个压力传感器或高压灭菌器；②由食品接触层决定。

（9）辐射（离子辐射）

目前没有针对离子辐射 FCS 的迁移试验方案。请联系美国 FDA，磋商为此情况而选择或设立对应方案。

（10）温度超过 121℃（250℉）的烹饪（烘烤或褐变）。

在使用高温烤箱的情况下（传统或微波①），迁移试验应在预期使用的最高温度，最长时间条件下进行，并使用食用油或脂性模拟食品（如 Miglyol 812）。

2. 聚烯烃佐剂

在相同的试验情况下，低密度聚乙烯（LDPE）的迁移水平往往高于高密度聚乙烯（HDPE）或聚丙烯（PP）的迁移水平。因此在100℃（接近低密度聚乙烯有效的最高温度）对低密度聚乙烯进行单独的迁移实验（符合 CFR 177.1520（a）（2）的规定）。通常，这种实验足以覆盖所有蒸馏应用中的使用情况，包括聚丙烯（PP）在内的所有聚烯烃。在这种情况下，所有聚烯烃通用的消耗因子（CF）（CF=0.35）将替代个别低密度聚乙烯的消耗因子（CF=0.12）。

然而，在为所有的聚烯烃寻找使用范围时，对符合 21 CFR 177.1520 规定的高密度聚乙烯（HDPE）、聚丙烯（PP）、线性低密度聚乙烯（LLDPE）以及低密度聚乙烯（LDPE）进行迁移试验通常是比较有利的。因为这些聚烯烃的实际迁移值似乎比从低密度聚乙烯得到的值低，这些迁移值可以用来计算估计日摄入量。

迁移试验中使用的特定聚合物试验样品应具备食品包装应用中使用的特有的形态。试验材料必须符合 21 CFR 177.1520 中的规定。除了标出 21 CFR 177.1520 中列出的适用规范外，还需提供聚合物树脂的特性信息，如分子量分布、熔体流动指数以及结晶度。

制造聚烯烃的催化剂技术在不断改进。为聚烯烃的合成需要选择特定的催化剂，如线性低密度聚乙烯（LLDPE）、高密度聚乙烯（HDPE）和聚丙烯（PP）。因为催化剂的种类决定了聚烯烃的物理特性，如：分子质量和熔体流动指数。在为佐剂选择合适的试验聚合物时，这些因素都应考虑在内。另外与均聚物相比，共聚物中共聚单体含量的增加通常会降低熔融范围、密度和结晶度。因此，为了达到佐剂最大的可适用范围，在迁移实验中应使用结合了最高水平的共聚单体的线性低密度聚乙烯（LLDPE）、高密度聚乙烯（HDPE）或聚丙烯（PP）共聚物（而不是均聚物）进行试验。

3. 共聚物佐剂（除聚烯烃外）

推荐的共聚物（除聚烯烃外）迁移实验方案与本附录第 1 部分中的方案相同。推荐的多脂食品模拟物见附录二。

如果寻求一种 FCS 的使用对特定的聚合物没有限制作用，申请人/申请人

---

① 对于使用微波烤箱专用容器，可双重加热（能够耐传统烤箱和微波炉之高热的）容器和微波热感材料/包装加热和烹饪食品的情况下的迁移试验方案将在本附录的第 11 部分进行讨论。

应该用一种符合 21 CFR 177.1520（a）（2）规定的无定向的低密度聚乙烯样品进行试验。试验方案取决于预期的使用条件（见本附录第 1 部分）。如果这种最严格的应用场景符合使用条件 A，试验温度应该为聚合物的最高有效温度（低密度聚乙烯（LDPE）的最高有效温度为 100℃）。应使用所有聚合物的消耗因子（CF）值（附录四表 1，CF = 0.8）和迁移数据来计算日常膳食中 FCS 的浓度。一般而言，如果将一系列典型的聚合物分别进行试验并且使用各自的消耗因子来计算，那将降低 FCS 在日常膳食中的浓度。申请人应与美国 FDA 进行磋商，从而决定选择哪种典型聚合物进行试验。

4. 重复使用的物品

应该使用 10% 和 50% 乙醇（体积分数）、食用油（如玉米油）或其他多脂食品模拟物（如 HB307 或 Miglyol 812）对物品进行试验，试验时间为 240h，温度为预期最高使用温度。分别在 8h、72h 和 240h 后分析 FCS 的试验溶液。申请人应提供推算的已知单位时间内的食品质量；与重复使用物品的接触面积；以及重复使用物品的平均使用寿命。结合迁移数据，就能计算出该使用物品在整个使用周期内所发生的所有食品迁移。

对于重复使用物品的佐剂，美国 FDA 强烈建议使用在"最坏情况"下做初始计算，其方法是假设佐剂在物品使用周期内发生 100% 的食品迁移；用该值除以预计加工食品的总量。如果计算出来的浓度足够低，则无需进行迁移试验。

5. 罐头涂层

高温、热灭菌或蒸馏产品的常见迁移试验方案列于本附录第 1 部分的（1）部分。如果寻求所有涂层的范围，申请人应当与美国 FDA 进行磋商，从而决定应该对哪种涂层进行试验。当使用条件没有 121℃ 蒸馏灭菌严峻时，可参照本附录第 1 部分的（2）~（7）部分的迁移试验方案，这些方案与预期使用的条件最为接近。

6. 带有橡胶黏合剂的未涂布纸和白土涂布纸

这些纸将在温度低于 40℃ 的情况下与食品进行短时间的接触。推荐方案如下：

10% 乙醇（体积分数）	40℃（104℉），24h
50% 乙醇（体积分数）	40℃（104℉），24h
食用油（如玉米油）或 HB307 或 Miglyol 812	40℃（104℉），24h

由于纸和纸的涂层中有大量的低分子质量和可溶解成分，所以对未涂布纸或白土涂布纸进行的迁移试验通常会得到高量的提取物。因此，当决定使用总体非挥发性萃取物或可溶于溶剂的非挥发性萃取物作为纸的涂层时，不

应将相应的萃取物从作为空白校正的未涂布纸中扣除。与其使用纸作为涂层载体，使用玻璃或金属一类的惰性底物加上涂层后更适合用于迁移试验。对于一种新的纸涂层佐剂来说，应当对试验溶液中的未规范佐剂进行分析。对于一种新的用于纸涂层的聚合物来说，应当对试验溶液中的低聚物和单体进行分析。

7. 经特殊处理的纸

这一类别包括氟聚合物和硅处理纸，这种纸有耐油和/或耐热的特性。具体的方案取决于预期的特殊用途。建议申请人或者设计一个方案，然后将其提交给美国 FDA 进行评定，或者向美国 FDA 申请关于适当的试验条件的评定。

8. 黏合剂（室温或低于室温）

如果黏合剂可通过使用一种有效的屏障与食品分开；或者与水质和多脂食品接触的，用于接缝和边缘的黏合剂的痕量是很有限的，黏合剂或黏合剂成分的预估迁移水平通常不会超过 50ppb。当添加剂采用的消耗因子（CF）为 0.14 时，得到的膳食浓度为 7ppb。如果这种假设不能成立，应当提交数据或计算去模拟所有黏合剂成分的预期用途。如果申请人希望进行迁移试验，多层样品应该由最大预期量的黏合剂成分和最薄的食品接触层构成。迁移试验方案与使用条件 E 一致。另外，膳食中的迁移水平可以通过模拟迁移进行估算。

9. 层压和共挤压

在高于室温情况下使用的多层结构组分是以下两条规范的主题。一条包括层压，用于温度范围在 120℉（49℃）～250℉（121℃）之间的情况（21 CFR 177.1395）；另一条包括层压结构，用于等于及高于 250℉（121℃）的情况（21 CFR 177.1390）。在预期使用中，如果有些结构层不能通过使用阻止迁移的屏障将其与食品分开，它们需要被列在这些规范中，或成为有效食品接触通告（FCN）的主题，除非它们的预期使用条件在其他地方被审定并符合如 21 CFR 177.1395（b）（2）和 21 CFR 177.1390（c）（1）中所指的使用条件。第 1 部分（1）～（8）中所列的试验方案可能适合用于评估一些层压结构中非食品接触层的迁移水平。那些与本指南中考虑到的用途差别很大的最终用途，应当成为与美国 FDA 协商开发的特殊方案的题目。

10. 可煮袋

推荐采用本附录第 1 部分（3）的使用条件方案。

11. 特殊高温应用

包装技术的进步带动了食品包装材料的发展，这些材料在加热或烹饪现成食品的短时间内能够耐受远远超过 121℃（250℉）的高温。美国 FDA 使用以下方案对微波专用容器，可双重加热（能够耐受传统烤箱和微波炉的高热）容器和微波热感材料进行迁移试验。

（1）双重加热托盘　用于高温烤箱时，迁移试验应该在预期传统烤箱最大烹饪温度下进行，试验时间为最长预期烹饪时间，并且使用食用油或多脂食品模拟物（如Miglyol 812一类）。

（2）微波专用容器　用微波炉烹饪食品时，食品接触材料的最终试验温度由很多因素决定。这些因素包括食品成分、加热时间、食品的数量及形状、和容器的形状。例如，当食品量超过 $5g/in^2$ 容器表面积并且较厚时，需要较长的烹饪时间食品内部才能达到预期的烹制程度。而质量与表面积比例低且薄的食品需要的时间则较短。典型的普遍烹饪条件应不超过 130℃（266℉）。如测试试验包括使用条件 H 下的包装材料，该测试试验也将满足为微波专用容器的迁移测试模型。不过，如果申请人提出是一种专门使用于微波容器中的食物接触材料，迁移测试应使用食物油或多脂食品模拟物在 130℃（266℉）下进行 15min。如使用水性食品模拟物，迁移测试则应在 100℉（212℉）下进行 15min。

（3）微波热感包装　采用热感技术的包装所达到的高温可能导致（a）从热感成分中形成大量挥发性化学物质以及（b）食品接触材料阻隔性减低，而导致非挥发性佐剂快速转移到食品中。美国 FDA 的研究结果表明，当热植物油与热感受器接触后，热感材料释放的挥发性化学物质可保留在油中，其水平为 10 亿分之几（ppb）。美国 FDA 建议使用 McNeal 中提出的方案对热感器中的挥发物质进行鉴定和量化。

要想抽取并鉴别所有现存的非挥发性提取物，申请人应该如美国材料与试验协会（American Society Testing and Materials，ASTM）的 F1349-91 文件中所提到的，使用极性和非极性溶剂对切细为条状的热感材料进行索格利特萃取。非挥发性紫外吸收物质的迁移方案同样列于 ASTM F1349-91 中，并且在 Begley 的文章中也提到了。ASTM 的方法取决于时温分布图的确定。时温分布图的依据是按标签说明尽可能长地烹饪食品。而微波热感器达到的温度则取决于食品的数量和性质。试验方法应包括一系列的情况标准，代表预期最大限度的使用条件。因此，美国 FDA 建议使用与 Begley 文章中相似的方法进行迁移实验。推荐的标准试验条件如下：

①使用代表预期指定应用用途的片状热感原料；

②使用输出功率至少为 700W 的微波炉；

③使用微波最长时间为 5min；

④使用的油量与感受器表面积的比例接近 $5g/in^2$；

⑤水载量近似 $5g/in^2$。

在没有有效迁移实验结果时，依照索格利特萃取法的结果，膳食摄入估计是以全部非挥发性提取物迁移至食品中的假设为基础的。

目前，没有可有效地直接判断脂肪族迁移物的迁移实验方案。但是，可以使用索格利特萃取法获得的非挥发性物质总量减去非挥发性紫外吸收和惰性物质，来估计脂肪族的迁移量。脂肪族的膳食摄入量估计应该以 100% 迁移至食品内的假设为基础。

12. 塑料着色剂

一些着色剂，特别是色素可能无法在食品模拟物——10% 和 95% 乙醇（体积分数）中溶解。由于在预期使用温度下，迁移水平无法超越着色剂溶解性的限值，因此在这种情况下，溶解性资料为另一种评估最坏情况下膳食摄入量的迁移试验提供了基础。如果预期要在所有塑料包装中使用着色剂（CF = 0.05），并且其溶解性低于 ca. 100μg/kg（温度为 40℃），那么在与使用条件 E 相同的情况下（40℃，240h），将导致每日膳食摄入浓度小于 10 亿分之 5（5ppb）。当溶解性低于 10μg/kg 时，将导致膳食摄入量低于日常食品浓度的阈值水平——10 亿分之 0.5（0.5ppb）。

13. 表面无脂肪或油的干性食品

表面无脂肪或油的干性食品一般很少或不会产生迁移，尽管有些研究表明某些佐剂能够迁移至干性食品中（如挥发性或低分子量佐剂与多孔或粉状食品接触）。

如果预期的 FCS 只是用于干食品与表面无脂肪或油，可以使用迁移指数 10 亿分之 50（50ppb）来计算。然后用此迁移水平再乘以适当的食物类型分布数素和消费因数，以取得估计膳食浓度。如果 FCS 的预期使用除了表面无脂肪或油的干性食品外，还包括其他食物类型（例如，酸性食物，水溶液或脂肪性的食物），总的迁移水平将是从各种不同食物类型的迁移试验中所得的迁移水平与用于干性食品与表面无脂肪或油的迁移水平归入一起的总和。如果您希望进行表面无脂肪或油的干性食品的迁移试验，请与美国 FDA 联系，咨询迁移试验事项。

14. 制造纸和纸板时使用的湿部添加剂

在造纸湿部使用的纸添加剂包括那些用于改善造纸工艺的添加剂，如：加工助剂以及用于改变纸的特性的添加剂，如：功能性助剂。功能性助剂多为有机树脂或无机填充剂，用于黏合纸纤维，因此，将存留于纸内。对于那些功能性助剂的 FCS，应该对其进行迁移实验，并对试验溶液进行分析以了解物质的组分。例如，对于聚合助留剂，应当对试验溶液进行分析，以了解低聚物和单体的组分。另外一些（非功能性）加工助剂将保留在加工水浆中，因此通常不会全部存留纸内。对于这类加工助剂，其膳食摄入量估计的基础是：迁移试验；或演示纸纤维与浆水之间的添加剂的分离情况。下面的例子对此进行了说明：

假定在造纸期间在纸幅成形前加入佐剂（非功能性加工助剂），浆内预期使用水平为10mg/kg。由于该添加剂不会全部存留于纸内，因此在造纸过程中，当纸浆进入干燥机时，与纸浆接触的水量（包含添加剂）决定了保留在纸中的佐剂的水平。在进入干燥机以前，利用机械手段将纸浆浓缩为大概包括33%纸浆和67%水的状态。这与相对于纸浆的佐剂水平（20mg/kg）相对应。假设制成的纸包括92%的纸浆，纸的基本质量为50mg/in^2，添加剂100%地迁移至食品中，每10g食品接触1in^{2}的纸，那么得到食品中佐剂的浓度为0.09mg/kg或90μg/kg。若未涂布纸或白土涂布纸的消耗因子为0.1，那么膳食摄入浓度则为9ppb。

15. 预包装食品辐射过程中使用的材料

目前，我们没有对在预包装食品辐射中会受到附带电离辐射FCS的专门迁移试验方案，请咨询美国FDA。

16. 可降解的聚合物与具有反应性的FCS

申请人应该提交有关预期使用的详细内容和FCS在预期使用条件下的稳定性。FCS的降解和反应机制应该给予详尽的说明，并应包括降解产物和中间物的结构演变图表。FCS的稳定性和迁移试验应包括总非挥发物质，低聚物，分解产物以及其它杂质的分析。我们建议在萃取前后使用凝胶渗透色谱法来测试变化以及变化的分析。例如，分子量的分布和低分子量聚合物的水平。如是迁移试验，申请人应使用在预期使用条件下适当老化的FCS样品，以模拟FCS在使用前（储存）和使用中（食品接触材料的货架寿命）的降解。请咨询美国食品和药物管理局。申请人应阐明，在反应机制的框架下，加速迁移试验是否合理。如果FCS在使用前事先被储存，建议在稳定性测试实验中使用在储存过程中可遇到的极端环境条件。

参考文献

［1］McNeal TP, Hollifield H C. Determination of volatile chemicals released from microwave - heat - susceptor food packaging. 1993 J. AOAC International, 76（6），1268 - 1275.

［2］Begley T H, Hollifield H C. Application of a polytetrafluoroethylene single - sided migration cell for measuring migration through microwave susceptor films. 1991, American Chemical Society Symposium Series 473：Food and Packaging Interactions II, Chapter 5, 53 - 66.

附录四 | 分析验证的实例说明

用 10% 乙醇（体积分数）对含有新型抗氧化剂的聚乙烯薄膜进行迁移试验。对试验溶液进行抗氧化剂迁移分析。试验应在单独的测试槽内进行，每个测试槽内含有 $100in^2$ 薄膜。对四组试验溶液，每组三份，总共 12 份进行分析。每组的分析时间分别为 2h、24h、96h 和 240h。每一个时间段后，将一组试验溶液中的每一份溶液都蒸发干，将残留物溶解于适当的有机溶剂中，并将其中的一定量注入气相色谱仪中。

验证试验中，使用显示出抗氧化剂最高迁移浓度的一组试验模拟物进行试验。验证该分析方法时，对另外 3 组（每组 3 个试样）使用 10% 乙醇（体积分数）的试验溶液进行试验，持续 240h。然后在每组试验溶液中加入抗氧化剂，其加入浓度分别为普通（未添加抗氧化剂）试验溶液在进行 240h 试验期间测得的平均迁移值的 1/2 倍、1 倍和 2 倍。

申请人也可以选择对 12 项分析（每个时间段 3 个，共 4 个时间段）使用足够多的薄膜和溶剂进行一项大型试验。240h 后，试验溶液被分成十二等份（即每组 3 个样本，共 4 组）。结果发现 1 组（3 份）溶液中包含的抗氧化剂平均分布密度为 $0.00080mg/in^2$。该值相当于食品中的 0.080mg/kg（假定 10g 食品接触到 $1in^2$ 薄膜）。在剩下的 9 份溶液（3 组）中，三份强化为相当于 $0.00040mg/in^2$ 的分布密度，三份强化为相当于 $0.00080mg/in^2$ 的分布密度，另三份强化为相当于 $0.00160mg/in^2$ 的分布密度。如上所述，对每份溶液进行强化和分析。为说明回收率的计算，下表中总结了在分布密度强化为平均迁移密度（$0.00040mg/in^2$）的 1/2 时，三份一组的溶液试验结果：

各样本的测量分布密度（mg/in^2）[①]	回收（mg/in^2）[②]	回收率（%）[③]
0.00110	0.00030	75.0
0.00105	0.00025	62.5
0.00112	0.00032	85.0

注：① 包括 $0.00040mg/in^2$ 强化。

② 从每个样本所测分布密度中减去平均分布密度（$0.00080mg/in^2$）计算得出。

③ 用回收除以强化水平（$0.00040mg/in^2$）再乘以 100 计算得出（见"第二部分/（四/3/5）"）。

平均回收率为 74.2%，相对标准偏差为 15.2%。对食品浓度为 0.080mg/kg 而言，这些数值处于规定的限度内（回收率：60%～110%；相对标准偏差不超过 20%）。如果其他两个强化浓度相应的百分率也在此限度范围内，则该 10% 乙醇（体积分数）迁移试验的验证合格。当然实际采用的验证程序取决于具体的分析类型。

附录五 消耗因子、食品类分配因数 以及膳食摄入量估算的例子

本附录对美国 FDA 建议用于评估 FCS 的包装数据进行了汇总说明。并给出了示例，说明如何将这些数据与食品中的 FCS 水平相结合。

表1		消耗因子（CF）	
包装类别	消耗因子（CF）	包装类别	消耗因子（CF）
A. 普通			
玻璃	0.1	胶黏剂	0.14
覆膜金属	0.17	蒸煮袋	0.0004
无覆膜金属	0.03	微波感受体	0.001
覆膜纸	0.2	所有聚合物[①]	0.8
未涂布纸或白土涂布纸	0.1	聚合物	0.4
B. 聚合物			
聚烯烃	0.35[②]	聚氯乙烯（PVC）	0.1
低密度聚乙烯（LDPE）	0.12	刚性/半刚性	0.05
线性低密度聚乙烯（LLDPE）	0.06	增塑	0.05
高密度聚乙烯（HDPE）	0.13	聚对苯二甲酸乙二醇酯（PET）[③④]	0.16
聚丙烯（PP）	0.04	其他聚酯	0.05
聚苯乙烯	0.14	尼龙	0.02
EVA（聚乙烯乙酸）	0.02	丙烯酸、酚醛等	0.15
玻璃纸（Cellophane）	0.01	所有其他[⑤]	0.05

注：① 来源于金属－聚合物涂层，造纸聚合物涂层和聚合物的消耗因子总和（0.17 + 0.2 + 0.4 = 0.8）。

② 聚烯烃 0.17（高密度聚乙烯，0.006；低密度聚乙烯，0.065；线性低密度聚乙烯，0.060；和聚丙烯，0.037）。

③ 聚对苯二甲酸乙二醇酯（PET）涂层板，报 0.013；热形成聚对苯二甲酸乙二醇酯，0.0071；聚对苯二甲酸乙二醇酯碳酸饮料瓶，0.082；特制聚对苯二甲酸乙二醇酯，0.056；结晶聚对苯二甲酸乙二醇酯，0.0023 和聚对苯二甲酸乙二醇酯薄膜，0.03。

④ 对于回收的聚对苯二甲酸乙二醇酯，使用消耗因子 0.05。

⑤ 如文中所述，在初步预估膳食摄入量时，使用的消耗因子不能低于 0.05。

表 2　　　　　　　　　　食品类分配因数（f_T）

包装类别	食品类型分配（f_T）			
	水性①	酸性②	酒类	多脂
A. 普通				
玻璃	0.08	0.36	0.47	0.09
覆膜金属	0.16	0.35	0.40	0.09
无覆膜金属	0.54	0.25	0.01②	0.20
覆膜纸	0.55	0.04	0.01②	0.40
未涂布纸或白土涂布纸	0.57	0.01②	0.01②	0.41
聚合物	0.49	0.16	0.01②	0.34
B. 聚合物				
聚烯烃	0.67	0.01②	0.01②	0.31
聚苯乙烯	0.67	0.01②	0.01②	0.31
耐冲击性	0.85	0.01②	0.04	0.10
不耐冲击性	0.51	0.01	0.01	0.47
丙烯酸、酚醛等	0.17	0.40	0.31	0.12
聚氯乙烯（PVC）	0.01②	0.23	0.27	0.49
聚丙烯腈、离子聚合物、聚二氯乙烯（PVDC）	0.01②	0.01②	0.01②	0.97
聚碳酸酯	0.97	0.01②	0.01②	0.01②
聚酯	0.01②	0.97	0.01②	0.01②
聚酰胺（尼龙）	0.10	0.10	0.05	0.75
EVA（聚乙烯乙酸）	0.30	0.28	0.28	0.14
蜡	0.47	0.01②	0.01②	0.51
玻璃纸	0.05	0.01②	0.01②	0.93

注：① 当 10% 乙醇作为水性及酸性食品模拟物时，其食品类分配因数应相加。

　　② 1% 或更小

下面举例来说明在每日膳食中 FCS 浓度的计算，即：用膳食中接触食品的食品部分（%）乘以食品中 FCS 的平均浓度，CF × <M>。以及估计日摄入量和累计估计日摄入量。

例 1：在收到的食品接触通告中描述了在室温或低于室温下，新抗氧化剂（最大浓度为 0.25%（质量分数））在聚烯烃接触食品中的应用。根据给美国 FDA 的报告，三种食品模拟物的低密度聚乙烯（LDPE）的迁移值如下：

溶剂 (i)	迁移值 (M_i) /(mg/kg)
10%乙醇水溶液	0.060
50%乙醇水溶液	0.092
Miglyol 812	7.7

申请人使用的溶剂体积与接触表面积的比值为 $10\text{mL}/\text{in}^2$。因此，溶液浓度基本上等于食品分布密度（假定 10g 食品接触 1in^2 的表面面积）。表 1 和表 2 中分别给出了聚烯烃的消耗因子（CF）和食品类分配因数（f_T）。抗氧化剂的膳食中 FCS 的平均浓度（M）计算如下：

$$M = (f_{含水} + f_{酸性})(M_{10\%乙醇}) + f_{酒类}(M_{50\%乙醇}) + f_{多脂}(M_{\text{Miglyol 812}})$$
$$= 0.68(0.060\text{mg/kg}) + 0.01(0.092\text{mg/kg}) + 0.31(7.7\text{mg/kg})$$
$$= 2.4\text{mg/kg}$$

每日膳食中抗氧化剂的浓度计算公式（来自拟定使用 FCS 中）：

$$CF \times M = 0.35 \times 2.4\text{mg/kg} = 0.84\text{mg/kg}$$

如果没有其他规范的应用，则采用上面的值计算累计估计日摄入量（CEDI），即：

$$CEDI = 3\text{kg 食品/人/d} \times 0.84\text{mg 抗氧化剂/kg 食品} = 2.5\text{mg/人/d}$$

例2

接下来将描述同一种抗氧化剂在聚碳酸酯和聚苯乙烯与食品接触中的扩展使用。每一种聚合物均在室温或室温以下与食品接触。迁移水平给出如下表所示。

溶剂	向食品的迁移量/mg/kg		
	聚碳酸酯	聚苯乙烯	耐冲击性聚苯乙烯
10%乙醇水溶液	0.020	0.020	0.020
50%乙醇水溶液	0.025	0.035	0.22
Miglyol 812	0.033	0.15	6.2

由每项拟定使用条件所导致的每日膳食中抗氧化剂的浓度计算方法：在计算中，耐冲击性聚苯乙烯的消耗因子（CF）为 0.04；而所有其他聚苯乙烯的消耗因子（CF）为 0.06。

聚碳酸酯：$CF \times M = 0.05[0.98(0.020\text{mg/kg}) + 0.01(0.025\text{mg/kg}) + 0.01(0.033\text{mg/kg})] = 0.001\text{mg/kg}$

聚苯乙烯：$CF \times M = 0.06[0.52(0.020\text{mg/kg}) + 0.01(0.035\text{mg/kg}) + 0.47(0.15\text{mg/kg})] = 0.0049\text{mg/kg}$

耐冲击性聚苯乙烯：$CF \times M = 0.04[0.86(0.020\text{mg/kg}) + 0.04(0.22\text{mg/kg}) + 0.10$

（6.2mg/kg）］＝0.026mg/kg

由于聚碳酸酯和聚苯乙烯的额外使用量增加，导致每日膳食中抗氧化剂的总浓度大约为0.032mg/kg。

对估计日摄入量（EDI）的结果：

EDI＝3kg食品/人/d×0.032mg抗氧化剂/kg食品＝0.096mg/人/d

由于先前允许的应用（例1中估计日摄入量为2.5mg/人/d）和附加建议应用（估计日摄入量为0.1mg/人/d），累计估计日摄入量则为2.6mg/人/d。

附录六 食品分类及使用条件

表1   **原料和加工的食品类型**

Ⅰ 非酸性的水性制品，可含有盐或糖或两者（pH5.0以上）
Ⅱ 酸性的水性制品，可含有盐或糖或两者；包括含高或低脂肪的水包油乳剂
Ⅲ 水性的，酸性或非酸性制品含油或脂肪；可含有盐，包括含高或低脂肪的油包水乳剂
Ⅳ 乳制品及加工过的乳制品： 　　A 油包水乳剂，含高脂肪或低脂肪 　　B 水包油乳剂，含高脂肪或低脂肪
Ⅴ 低水分油或脂肪
Ⅵ 饮料： 　　A 含不高于8%的酒精（体积分数） 　　B 不含酒精 　　C 含高于8%的酒精（体积分数）
Ⅶ 烘烤（如面包）类以及不包括在第 Ⅷ 或 Ⅸ 内的： 　　A 潮湿的面包类产品表面含油或脂肪 　　B 潮湿的面包类产品表面不含油或脂肪
Ⅷ 表面无脂肪或油的干燥固体（不需最终试验）
Ⅸ 表面含脂肪或油的干燥固体

表2   **使用条件**

A 高温，热灭菌的或蒸馏（ca. 121℃或250℉）
B 沸水灭菌
C 热罐装或巴氏灭菌（高于66℃或150℉）
D 热罐装或巴氏灭菌（低于66℃或150℉）
E 室温装罐和储存（无容器内热处理）
F 冷藏（无容器内热处理）
G 冷冻储藏（无容器内热处理）
H 冷冻或冷藏；在使用时将被重新加热的现成食品
I 辐射（电离辐射）
J 烹饪温度超过121℃（250℉）

附录七‖申请的成员国联系点

最新清单见委员会网址：http：//ec. europa. eu/food/food/chemicalsafety/ foodcontact/nat_contact_points_en. pdf。

附录八 | 食品接触材料指南注意事项

新物质评估申请（1）

国家主管机关名称（2）

注意：负责人名称

备案号：_____ 日期：_____

主题：单体或添加剂的评估申请（3）

签名_____（4）_____申请添加以下新物质：_____

（5）_____为了_____（6）_____

负责回答技术档案上任何细节问题的人员：

_____

（7）_____

附有以下内容：

a. 技术材料（8）

b. 申请概要数据表（P – SDS）（9）

c. 附有全部信息的 CD – ROM

d. 未包含机密信息的 CD – ROM

除了材料 d，CD – ROM 上的信息需和纸质信息一致。a、b 和 c 三种材料需递交给 EFSA 的 CEF 工作组秘书。

需向欧盟联合研究中心的 C. Simoneau 女士递交 250g 申请的物质样品、相关产品安全材料、光谱数据和申请表复印件等材料（10）。

谨启

_____

附录九 食品接触材料指南注意事项

物质再评估申请（1）

国家主管机关名称（2）

注意：⋯⋯⋯⋯负责人名称

备案号：_____　日期：_____

主题：单体或添加剂的再评估申请（3）备案号_____

签名_____（4）_____申请以下物质的再评估：_____

（5）_____为了_____（6）_____

负责回答技术档案上任何细节问题的人员：

_____

（7）_____

附有以下内容：

a. 技术材料（8）

b. 申请概要数据表（P－SDS）（9）

c. 附有全部信息的 CD－ROM

d. 未包含机密信息的 CD－ROM

除了材料 d，CD－ROM 上的信息需和纸质信息一致。a、b 和 c 三种材料需递交给 EFSA 的 CEF 工作组秘书。

若尚未向欧盟联合研究中心的 C. Simoneau 女士递交 250 g 申请的物质样品、相关产品安全材料、光谱数据和申请表复印件等材料（10），这次需提供。

谨启

_____

附录十 食品接触材料指南注意事项填表说明

表 N°1 和表 N°2 里括号中的数字含意如下所述。

（1）一种物质递交一份申请（物质组合作为整体进行评估和限制除外）；

（2）注明接收物质评估申请的成员国国家主管机关名称和地址。可通过附录七网站上的主管机关清单获得；

（3）删除单体或添加剂；

（4）申请者的详细名称、地址、电话、传真和 E－mail；

（5）详细说明申请物质的化学名称、主要的化学别名（如 IUPAC 名称）、商标名及 CAS 号；

（6）生产商的详细名称、地址、电话、传真和 E－mail 或者与第（4）不同的用户申请代表者；

（7）技术材料负责人员的详细姓名、地址、电话、传真和 E－mail；

（8）见附录十一；

（9）见附录十七。

附录十一 食品接触材料指南注意事项技术材料

1. 递交材料

递交给国家主管机关的技术材料需包含的详细信息见第三章中第三节（三）。

2. 新物质

为了获得用于食品接触材料中新物质使用的授权，申请者需向国家主管机关递交按照 CSF 指南要求的材料，CEF – FCM – WG 指导解释中有格式说明。

3. 已被 SCF 或 EFSA 评估的物质

对用于食品接触材料中的物质使用再评估的申请，是基于由于技术资料的缺乏或不足致 SCF 或 EFSA 未能进行完全评估时，或者评估过程中申请者需向 SCF 或 EFSA 递交额外数据的问题阐明阶段（在 SCF 清单 7 中的物质和仍在评估阶段的物质）。对于清单 6 和 8 中的物质，除非 SCF 或 EFSA 的意见有对数据的特别要求，按 SCF 指南要求递交材料（见第三章中第三节（二））。对于清单 9 中的物质，其特性描述有更多的要求。关于 SCF 清单的更多解释见附录十六。

法规（EC）No 1935/2004 第 21 条适用数据共享。新的申请者需向欧盟委员会或欧洲专业组织咨询原申请者的数据共享，如果获批，新的申请者递交申请时需提交由所有参与组织签字的书面同意书和新的资料。如果原申请者和新申请者对于共享数据不能达成一致意见，新申请者需递交所有材料以提出新的申请。

4. 指导

面临上述情况时，申请人不仅要遵守 SCF 指南，也要遵守第三章中第三节（三）（CEF – FCM – WG 解释指导）和第三章中第三节（四）（欧盟委员会解释指导）的详细建议。

需要重点标出所有关于该申请物质公开信息的参考之处，并附上适于支持应用的有关物质的相关文件副本。

附录十二 | 在模拟消化液中的塑料单体和添加剂水解法

1. 介绍

为保护人类健康，塑料食品接触材料应遵循 2002/72/EC 指令更新内容中关于与这些物质接触的食品成分的组成和迁移规定。

可能迁移到食品中的成分包括残余单体和其他起始物质、残留的加工化学品和添加剂以及这些产品的分解产物和杂质。

某些成分摄入时可水解。本指南中描述的方法可以测定物质，尤其是酯类物质水解的程度，以评估这些成分是否分解成无害的物质。

2. 范围

该方法使用标准的模拟消化液唾液、胃液和肠液，可用于体外测量单体和添加剂的水解程度。

该方法不用于描述测定模拟物母体及其水解产物所需的分析方法。

3. 原则

将试验物质（单体或添加剂）溶解在适当的溶剂中。

消化液模拟物保持在 37℃ 连续搅拌，随后将溶液的一部分转移到消化液模拟物中。

在指定的时间段内，在模拟物中测定母体成分和水解产物的浓度，然后计算水解百分率。

4. 试剂

注意：除非另有说明，所有试剂应为分析纯。

（1）化学物质

①水（蒸馏水或去离子水）。

②碳酸氢钠（$NaHCO_3$）。

③氯化钠（$NaCl$）。

④牛磺胆酸钠。

⑤碳酸钾（K_2CO_3）。

⑥氢氧化钠标准溶液，0.2M。

⑦盐酸标准溶液，2M 和 0.1M。

⑧磷酸二氢钾（KH_2PO_4）。

⑨猪胰酶提取物、活性等效于 8X SUP 规格。

⑩任一种分散溶剂，包括：乙腈；N,N－二甲基乙酰胺；1,4－二氧杂环乙烷；乙醇；甲醇；异丙醇；四氢呋喃；水。

（2）消化液模拟物

①唾液模拟物：将 4.2g 碳酸氢钠（$NaHCO_3$），0.5g 氯化钠（NaCl）和 0.2g 碳酸钾溶解在 1L 水中。溶液 pH 应近似为 9。

②胃液模拟物：将 0.1M 盐酸标准溶液稀释至浓度为 0.07μm。溶液 pH 应为 1.2+0.1。

③肠液模拟物：应注意确保模拟物按给定顺序配制。

将 6.8g 磷酸二氢钾正磷酸盐（磷酸二氢钾）溶解在 250mL 的水中，转移到一个 1L 的容量瓶中，加入 190mL 的 0.2M 氢氧化钠（NaOH）。

加入 400mL 的水，搅拌均匀。称取 10 g 胰酶提取物转移到 250mL 烧杯中。加入少许水，搅拌成均匀的、黏稠的糊状物。慢慢地用少量的水稀释糊状物，每次稀释后搅拌均匀，最后形成大约 150mL 的无结块溶液。将溶液转移到容量瓶，用水冲洗烧杯和漏斗。

加入 0.5g 牛磺胆酸钠，轻轻地摇动烧杯并加入水至液面到达容量瓶颈部。

用 0.2M 氢氧化钠（NaOH）将溶液的 pH 调节到 7.5±0.1。加入水定容至刻度，摇动容量瓶至溶液彻底混合均匀。

5. 仪器

应注意仅在使用某种特殊的仪器或者部件，或者使用某种特殊规格时才将其列出，一般的经过评定的实验室仪器均可用做试验。

（1）100mL 或 125mL 玻璃小瓶，旋转式聚四氟乙烯/硅橡胶隔垫盖子。旋转开瓶盖，开瓶钳。

（2）模拟搅拌器的机械装置（如烧瓶搅拌器或磁力搅拌棒），用于将放置在橱柜或水浴中的搅拌器温度控制在（37±1）℃范围内。

6. 采样

应注意试验物质的纯度应与食品接触材料中使用的物质相同。

储备液的制备方法为称取所需的试验物质，将精度控制在 0.1mg，转移到 10mL 的容量瓶中，用如第三章第三节（三）部分所列的合适的分散溶剂溶解。定容至刻度位置，振摇容量瓶至溶液彻底混合均匀。

应注意：

（1）测试物质应能完全溶解于所选溶剂，并且一定不能发生化学反应。

（2）消化液模拟物中的溶剂（除水以外）的最终浓度不应超过 0.1%（体积分数）。

（3）应计算消化液模拟物中的测试物质的浓度，以便使物质的含量降到模拟物中添加量的5%以下。

无论如何，这种浓度不应低于迁移试验研究中预测的最大可能摄入量。

7. 步骤

（1）水解方程　用下面的模型表达式建立水解方程：

$$PC = > HP - 1 + HP - 2（+ HP - 3 + \cdots\cdots HP - N）$$

其中：

PC = 母体成分

HP = 水解产物

（2）食品接触材料指南须知

选择可用于测试的模拟物，使分析工作保持在最低限度，例如肠液模拟物测试通常足以证明酯类水解。

因此如果试验物质是酯类，则应先进行肠液模拟试验。

如果已经证明物质能完全水解，没有必要再继续进行其他模拟测试。

（3）水解试验性能

每次测试用一个量筒将100mL消化液模拟物传送到一个玻璃小瓶，用聚四氟乙烯硅橡胶隔垫将小瓶密封。

开始振摇或搅拌使瓶中物质在（37+1）℃平衡模拟物。

应注意在分析技术方面，所选的水解方程式中的每个物质必须在单独的水解试验中进行评估。

每次试验进行三次，测试所需的玻璃小瓶数量是所需测定的物质组合数量的三倍（母体成分或水解产物），指定时间段和模拟物。

随后用100μL注射器添加适量的模拟物储备液（25~100μL）。

在模拟物的液面下面方将溶液向光谱中进样，在测试期间继续搅动或搅拌。

不同的模拟物测试的持续时间：

①唾液模拟物0.5h。

②胃液模拟物1h、2h和4h。

③肠液模拟物1h、2h和4h。

应注意如果用胃液模拟物或肠液模拟物进行试验，一次试验应进行1h。

如果能证明物质完全水解，不必进行2h和4h测试。

（4）水解产物分析

水解试验结束后，测定水解液中水解产物的含量。

根据结果用适当的分析方法计算水解百分率。

应注意仅测量母体成分的消失是不够的，应根据需要对水解产物进行逐一选择，以便对质量平衡做出判断。

分析方法的适宜性应通过对标准溶液中的水解产物的加标试验进行证明，这种水解产物可在 CEN 标准格式中找到，列在《委员会对移徙测试的解释性指南》文件中。

8. 测试报告

测试报告应符合《委员会对移徙测试的解释性指南》文件中规定的标准格式。

附录十三┃聚合物添加剂

相对分子质量大于 1000 的成分很难被胃肠道吸收，因此不被认为具有毒理学风险。

选择 1000 的值是考虑到分子形状的影响，这对相对分子质量 600～1000 的物质吸收可能性有重要影响。

在 600 以下，大多数物质被吸收，吸收率由分子大小和形状以外的因素决定。

因为只有相对分子质量低于 1000 的聚合物添加剂被认为毒性相关，这是聚合物添加剂与相对分子质量低于 1000 的 M_w 和 1000 以上的分子量之间的区别。

对于含有相对分子质量大于 1000 的聚合物添加剂，相对分子质量小于 1000 的组分，将根据个案考虑有所不同，并将决定是否需要进一步的数据。

应提供下列数据：

1. 数据将依照 "CEF – FCM – WG 对 SCF 有关食品接触材料的解释指导"：

——第 1.4 段 "鉴别"

——第 2 段 "特性"

——第 3 段 "使用"

——第 4 段 "授权"

2. 根据 "SCF 指南" 对单体的遗传毒性数据，除非单体已经在 SCF 列表。

3. 对于含有小于 1000 的添加剂：

根据 "SCF 指南" 对聚合物添加剂本身进行迁移和毒性数据，但不要求对聚合物添加剂本身进行诱变性研究。

对于添加剂的相对分子质量高于 1000 的物质：一旦 CEF 小组审核规范对聚合物添加剂本身有要求则可能需要添加剂本身的包括迁移和毒性在内的数据；特别是含有相对分子质量低于 1000 的比例比较显著的添加剂。在决定是否需要进一步的数据时，CEF 小组将考虑相对分子质量小于 1000 的比例的大小和塑料中添加剂的比例情况。

在考虑到迁移时，应提供相对分子质量小于 1000 的迁移组分的含量大小。

但是如果申请人不能测定或不确定迁移物质的相对分子质量小于 1000，那么聚合物添加剂的总迁移按照相对分子质量小于 1000 的组分计量。

该指南一般适用于聚合物添加剂。

并且 CEF 小组将会考虑申请人提出的任何对指导方针的偏离方面的科学论证。例如在经过氢化作用制作添加剂或从最终产品中去除残留单体的添加剂的情况下，可能不需要指南中提到的所有数据。如果有相关的毒理学数据则应提交这些数据，这样可以对开展评估有利。

附录十四 | 过氧物酶体增殖研究

食品接触材料的物质评估中已不再使用过氧物酶体增殖研究。

在对 SCF 准则进行修订之前，请参阅 2005 年 6 月 29 日 AFC 委员会第 12 次会议上通过的相关声明。

欧洲食品安全局网站：

http：//www. efsa. europa. eu/EFSA/ScientificPanels/AFC/efsa_locale -
1178620753812_OtherScientificDocuments426. htm

附录十五 ┃ 人体内蓄积

关注的是在人体内的蓄积，而不是一般的生物蓄积。

许多专家都很熟悉"生物蓄积"这一术语，因为它与环境中的某种化学物质的循环有关。

这包括了水生生物的行为和通过食物网蓄积的潜力。

在食物接触材料的案例中，主要关心的是在哺乳动物组织中直接蓄积的潜力，而不是通过食物链的生物作用。

然而通常情况下除非有如化学结构等方面的特殊考虑，而引起关注，低于 3 的 log ko/w 值被认为是哺乳动物体内缺乏蓄积潜力的充分证据。

而且，大于等于 3 的 log kow/w 值本身不能证明蓄积性，因为物质可能不会被吸收，也不会被代谢为没有蓄积潜力的物质。

在这种情况下，还需要其他证据来证明物质缺乏蓄积潜力。

根据不同物质的化学结构和物理性质，必须遵循不同的方法，因此不能对于应使用的方法给出明确的指导。

如果能在口腔接触后通过适当的动力学研究［吸收分布，代谢，排泄（ADME）］后能证明生物半衰期下不发生蓄积，这将被认为是充分的证据。

此外，使用适当的放射性标记物质和自动放射显影技术可以证明一种物质存在或者缺乏蓄积能力。

指南中并没有详细描述了这些研究的程序，但是在现有的欧盟关于兽药、动物营养添加剂和人类药物的指导方针中可能会找到一些相关的信息。

此外，IPCS（EHC70 和 EHC57）以及 FDA 红皮书 II 可能成为选择方法的依据。

原则上蓄积是负面信息但不会自动与任何毒性作用相联系。

在已证明蓄积潜力或缺乏证据的情况下，申请人应提供证据证明，即使在长期暴露之后，任何蓄积的积累都与毒性影响无关。

附录十六 | SCF 名单的定义

SCF 分类是一种用于处理授权卷宗的工具，不影响根据 EFSA 的科学观点和适用的法律框架所采取的管理决策。

名单 0

可用于生产塑料制品和物品的物质，如食品，食品成分和某些人类的中间新陈代谢产生的已知的物质，以及不需要专门建立 ADI 的物质。

名单 1

包括如下建立参数的如食品添加剂等的物质，临时每日允许摄入量（t－ADI），每日最大可耐受摄入量（MTDI），暂定每日最大允许摄入量（PMT-DI），暂定每周最大允许摄入量（PTWI），或由该委员会或食品添加剂专家联合委员会（JECFA）认定为"可接受"的分类。

名单 2

本委员会已建立了 TDI 或 t－TDI 的物质。

名单 3

不能建立 ADI 或 TDI，但在当前情况下仍然可以使用的物质。其中一些物质由于其感官特性或者挥发性是有自限性的，因此在成品中不太可能出现。

对于其他迁移性较低的物质，还未设置 TDI，但是应该在任何包装材料声明该物质的最大量以及特定的迁移限量。这是因为现有的毒理学数据会给出一个 TDI，它可以将特定的迁移限制或成分限制定在非常高的水平上，这比目前使用添加剂所可能产生的最大可摄入量要高得多。

名单 4（单体）

（1）对于不能建立 ADI 或 TDI 的单体物质，如果迁移到食品中和食品模拟物中的物质在指定的敏感度上未能检测到，那么就可以使用这种物质。

（2）不能建立 ADI 或 TDI 的，但是已尽可能减少材料中以及用于接触食品的物件中单体物质残留水平的物质。

（3）对于不能建立 ADI 或 TDI 的添加剂物质，如果迁移到食品中和食品模拟物中的物质在指定的敏感度上未能检测到，那么就可以使用这种物质。

名单 5

不应使用的物质。

名单 6

疑有毒性的物质，以及毒理学数据缺乏或不足的物质。

这个列表中物质的分类主要是基于与已评估或已知的具有指示致癌性或其他严重毒性的化学物质的结构相似性。

（1）疑似具有致癌性的物质　这些物质中的任何一种都不应该在使用适当检测方法的前提下在可食用部分或食物模拟中检测到。

（2）疑似含有有毒物质的物质（除致癌物质外）　应说明限制量。

名单 7

具有一些物质的毒理学信息但是不能获得这些物质的 ADI 或者 TDI，需要提供额外的信息。

名单 8

一些没有数据或者仅有的数据匮乏或不充分的物质。

名单 9

因缺乏（物质）规格或者缺乏（一组物质）足够的描述，而无法评估的物质和物质组。

在可能的情况下，应该用实际在使用的单个物质取代一组物质进行评估。

在"SCF 指南"中无法获得规定的物质信息的聚合物。

W 名单（待定名单）

欧盟名单中尚未包含的物质应该被视为"新"物质，即从未在国家层面上获得批准的物质。

这些物质因缺乏委员会要求的数据不能包括在欧盟的名单中。

W7 名单

具有一些物质的毒理学信息但是不能获得这些物质的 ADI 或者 TDI，需要提供额外的信息。

W8 名单

一些没有数据或者仅有的数据匮乏或不充分的物质。

W9 名单

因缺乏（物质）规格或者缺乏足够的描述（一组物质），而无法评估的物质和物质组。

附录十七 | 申请人数据总结表范例

申请人数据总结表范例（"P－SDS"）

（1）物质＿＿＿＿＿＿＿＿＿＿＿＿＿＿＿＿＿＿＿＿＿＿＿＿＿
（2）使用方法＿＿＿＿＿＿＿＿＿＿＿＿＿＿＿＿＿＿＿＿＿＿
（3）参考号＿＿＿＿＿＿＿＿＿＿＿＿＿＿＿＿＿＿＿＿＿＿＿
CAS．号＿＿＿＿＿＿＿＿＿＿＿＿＿＿＿＿＿＿＿＿＿＿
（4）团体＿＿＿＿＿＿＿＿＿＿＿＿＿＿＿＿＿＿＿＿＿＿＿
技术档案负责人＿＿＿＿＿＿＿＿＿＿＿＿＿＿＿＿＿＿
负责人的地址＿＿＿＿＿＿＿＿＿＿＿＿＿＿＿＿＿＿＿
电话＿＿＿＿＿＿传真＿＿＿＿＿电子邮箱＿＿＿＿＿
在技术卷中未提交所有需要提交数据（如下）的原因：

注：（1）物质　首先应说明该物质最常见的化学名称，或者某种情况下在2002/72/ec指令列出的物质在指令中的名称。

（2）使用方法　说明是单体还是添加剂。

（3）参考号　参考号（REF. N.）＝物质参考号码

在检测中应该给出物质的该参考号。

（4）团体信息　提交该卷宗的公司信息

重要注意事项：

技术附件应始终包含完整信息的参考文献。

例如：

153

1.2.8 分子量（M_w）和范围	
	参考：技术附件 x—

或者：

5.1 特殊迁移（SM）	
	参考：技术附件 y—

或者：

8.2.1（90d）亚慢性经口毒性：	
	参考：技术附件 z—

1. 物质特性	本专栏中的物质的鉴别：技术资料中将提供概要和技术参考信息，其中可找到完整信息。
1.1　单个物质	
1.1.1　化学名称	
1.1.2　同义词	
1.1.3　商品名称	
1.1.4　CAS Nr	
1.1.5　分子结构式	
1.1.6　分子量	
1.1.7　光谱数据	
1.1.8　制造细节	
1.1.9　纯度/%	
1.1.10　杂质含量/%	
1.1.11　规格	
1.1.12　其他信息	
1.2　已知混合物	
1.2.1　化学名称	
1.2.2　同义词	
1.2.3　商品名称	

续表

1.2.4　CAS N°	
1.2.5　成分	
1.2.6　混合物中物质的特性	
1.2.7　分子式和结构式	
1.2.8 分子量（M_w）和范围	
1.2.9　光谱数据	
1.2.10　制造详情	
1.2.11　纯度/%	
1.2.12　杂质含量/%	
1.2.13　规格	
1.2.14　其他信息	
1.3　未知混合物	
1.3.1　化学名称	
1.3.2　同义词	
1.3.3　商品名称	
1.3.4　CAS N°	
1.3.5　起始物质	
1.3.6　制造细节	
1.3.7　物质形成	
1.3.8　净化程序	
1.3.9　副产物	
1.3.10　分子式和结构式	
1.3.11　分子量（M_w）和范围	
1.3.12　纯度/%	
1.3.13　杂质含量/%	
1.3.14　光谱数据	
1.3.15　规格	
1.3.16　其他信息	
1.4　用作添加剂的聚合物	
1.4.1　化学名称	
1.4.2　同义词	
1.4.3　商品名称	

续表

1.4.4　CAS N°	
1.4.5　起始物质	
1.4.6　制造细节	
1.4.7　添加剂	
1.4.8　聚合物结构	
1.4.9　M_w	
1.4.10　M_n	
1.4.11　分子质量范围	
1.4.12　<1000 的成分与分子质量/%	
1.4.13　黏度（如适用）	
1.4.14　熔体流动指数（如适用）	
1.4.15　密度（g/cm³）	
1.4.16　光谱数据	
1.4.17　残余单体（mg/kg）	
1.4.18　纯度/%	
1.4.19　杂质含量/%	
1.4.20　规格	
1.4.21　其他信息	
2. 物质的物理和化学性质	
2.1　物理性能	
2.1.1　熔点/℃	
2.1.2　沸点/℃	
2.1.3　分解温度/℃	
2.1.4　溶解度/（g/L）	
2.1.5　辛醇/水分配系数/（log Po/w）	
2.1.6　其他亲油性相关信息	
2.2　物理性能	
2.2.1　自然性状	
2.2.2　反应性	
2.2.3　稳定性	
2.2.4　水解性	

续表

2.2.5 有意分解/转化	
2.2.6 无意分解/转化产物	
2.2.7 与食品的交互作用	
2.2.8 其他相关信息	
3. 物质的预期应用	
3.1 食品接触材料	
3.2 技术性能	
3.3 最大分解温度/℃	
3.4 配方中的最大比例	
3.5 实际接触条件	
3.5.1 所接触的食品	
3.5.2 时间和温度	
3.5.3 比表面积	
3.5.4 其他相关信息	
3.6 食品接触材料在使用前的处理方式	
3.7 其他用途	
3.8 其他信息	
4. 物质的许可	
4.1 欧盟国家	
4.1.1 成员国	
4.1.2 根据 67/548/EEC 指令第六修正案的内容被指定为新物质的物质	
4.1.3 其他相关信息	
4.2 非欧盟国家	
4.2.1 美国	
4.2.2 日本	
4.2.3 其他国家	
4.2.4 其他相关信息	
4.3 其他信息	
5. 物质迁移的数据	
5.1 特殊迁移（SM）	

续表

5.1.1　物质	
5.1.2　检测样品	
5.1.2.1　化学成分	
5.1.2.2　物理特性	
5.1.2.3　聚合物的密度、熔体流动指数	
5.1.2.4　检测样品的维度	
5.1.2.5　检测样本的维度	
5.1.3　检测之前对检测样品的处理方式	
5.1.4　待测食品/食品模拟物	
5.1.5　接触方式	
5.1.6　接触时间和温度	
5.1.7　比表面积	
5.1.8　分析方法	
5.1.9　检测/测定限	
5.1.10　测试方法精密度	
5.1.11　回收率	
5.1.12　其他信息	
5.1.13　结果	将结果列在适合的特制表格中，可以参考如下表格样本

样表

模拟物	时间	温度/℃	结果/(mg/dm^2)	结果 */(mg/kg 食品)

注：*明确指出所作的计算，主要是使用的比率 s/v。

5.2　总迁移量（OM）	
5.2.1　检测样品	
5.2.2　检测之前对检测样品的处理方式	
5.2.3　食品模拟物	

续表

5.2.4　接触方式	
5.2.5　接触时间和温度	
5.2.6　比表面积	
5.2.7　分析方法	
5.2.8　其他相关信息	
5.2.9　结果	将结果列在适合的特制表格中，可以参考如下表格样本

样表

模拟物	时间	温度/℃	结果/（mg/dm²）	结果*/（mg/kg 食品）

注：*明确指出所作的计算，主要是使用的比率 s/v。

5.3　量化和鉴定迁移的寡聚物，来源于单体物质和添加剂的反应产物	
5.3.1　检测样品	
5.3.1.1　化学成分	
5.3.1.2　物理特性	
5.3.1.3　聚合物的密度、熔体流动指数	
5.3.1.4　检测样品的维度	
5.3.1.5　检测样本的维度	
5.3.2　检测之前对检测样品的处理方式	
5.3.3　待测食品/食品模拟物/萃取溶剂（s）	
5.3.4　接触方式	
5.3.5　接触时间和温度	
5.3.6　迁移试验中物质的比表面积	
5.3.7　分析方法	
5.3.8　检测/测定限	
5.3.9　回收率	

续表

5.3.10　其他信息	
5.3.11　结果	
6. 食品接触材料中物质残留含量的数据	
6.1　实际含量	
6.2　物质	
6.3　检测样品	
6.3.1　化学成分	
6.3.2　物理特性	
6.3.3　密度，熔体流动指数	
6.3.4　检测样品的维度	
6.3.5　检测样本的维度	
6.4　样品处理	
6.5　测试方法	
6.5.1　检测/测定限	
6.5.2　测试方法精密度	
6.5.3　回收率	
6.5.4　其他信息	
6.6　结果	
6.7　计算得出的迁移率（最坏情况下）	
6.8　残余含量与特定迁移情况相比	
7. 物质的微生物特性	
7.1　这种物质是否被用作抗菌剂?	
7.2　预期的微生物功能是什么?	
7.2.1　生产过程或产品储存期间的保护剂	
7.2.2　在食品接触材料表面减少微生物污染的方法	
7.2.2.1　预期使用方法	
7.2.2.2　其他信息	
7.3　微生物的活动范围	
7.4　活动强度	
7.5　使用抗菌素可能产生的后果	
7.6　效果	

续表

7.7　重复使用的效果	
7.8　对食物中缺乏对微生物的抗菌活性的说明	
7.9　其他信息	
7.10　依照相关法令要求的索赔或免责声明	
7.11　在指令框架内授权将其作为抗菌产品的信息	
8. 毒理学数据 　　本节报告的每项研究都应完成相应独立的总结。应将主要的研究结果总结一下，并发布一份是否与对照和正常值有重大偏离的声明。	
8.1　基因毒性	
8.1.1　细菌基因突变	
8.1.2　体外哺乳动物细胞基因突变测试	
8.1.3　体外哺乳动物染色体畸变试验	
8.1.4　其他信息	
8.2　一般毒性	
8.2.1　（90d）亚慢性经口毒性	
8.2.2　慢性毒性或致癌性	
8.2.3　生殖/发育毒性	
8.2.4　其他信息	
8.3　代谢	
8.3.1　吸收、分布、生物转化和排泄	
8.3.2　人体内蓄积性	
8.3.3　其他信息	
8.4　多方面毒性信息	
8.4.1　对免疫系统的影响	
8.4.2　神经毒性	
8.4.3　过氧物酶体的诱导增殖	
8.4.4　其他信息	
9. 参考文献	

英文缩略语

	英文名称	中文名称
AAS	Atomic Absorption Spectroscopy	原子吸收光谱分析
ADI	Acceptable Daily Intake	每日允许摄入量
AFC	Scientific Panel on food additives, flavourings, processing aids and materials in contact with food	食品添加剂、调味品、加工助剂和与食品接触的材料科学小组
CAS	Chemical Abstracts Service	化学文摘社
CEDI	Cumulative Estimated Daily Intake	累计估计日摄入量
CF	Consumption Factor	消耗因子
CFR	Code of Federal Regulations	联邦条例法典
CFSAN	Center for Food Safety and Applied Nutrition	食品安全与应用营养学中心
D	Diffusion coefficient	扩散系数
DC	Dietary Concentration	日常膳食浓度
DFCN	Division of Food Contact Notifications	食品接触通告部门
EDI	Estimated Daily Intake	估计日摄入量
EVA	Ethylene Vinyl Acetate	聚乙烯乙酸
FAP	Food Additive Petition	食品添加剂申请
FCN	Food Contact Notification	食品接触通告
FCS	Food Contact Substance	FCS
FDA	Food and Drug Administration	美国 FDA
FDAMA	Food and Drug Administration Modernization Act	美国 FDA 现代化法
FMF	Food Additive Master File	食品添加剂的主文件
FOIA	Freedom of Information Act	资讯自由法
FRF	Fat Reduction Factor	脂肪消耗因子
f_T	Food – type Distribution Factor	食品类型分配因数

	英文名称	中文名称
GC	Gas Chromatography	气相色谱法
GPC	Gel Permeation Chromatography	凝胶渗透色谱法
HDPE	High – Density Polyethylene	高密度聚乙烯
IR	Infrared	红外线
JECFA	Joint Expert Committee on Food Additives	食品添加剂专家联合委员会
LC	Liquid Chromatography	液相色谱法
LDPE	Low – Density Polyethylene	低密度聚乙烯
LLDPE	Linear Low – Density Polyethylene	线性低密度聚乙烯
LOD	Limit of Detection	检测限
LOQ	Limit of Quantitation	定量限
M	the concentration of the FCS in food contacting the food – contact article	FCS 的食物接触材料中的浓度
M_n	number average Molecular Weigh	数均分子量
MS	Mass Spectrometry	质谱法
MTDI	Maximum tolerable daily intake	每日最大可耐受摄入量
M_w	weight average Molecular Weight	重均分子量
NMR	Nuclear Magnetic Resonance	核磁共振
OFAS	Office of Food Additive Safety	食品添加剂安全办公室
OMB	Office of Management and Budget	管理和预算办公室
PET	Polyethylene Terephthalate	聚对苯二甲酸二醇酯
PMTDI	Provisional maximum allowable daily intake	暂定每日最大允许摄入量
PP	Polypropylene	聚丙烯
ppb	parts per billion（ng/g or μg/kg）	十亿分之一
ppm	parts per million（μg/g or mg/kg）	百万分之一
PS	Polystyrene	聚苯乙烯
PTWI	Provisional maximum allowable weekly intake	暂定每周最大允许摄入量
PVC	Poly（vinyl chloride）	聚氯乙烯
PVDC	Poly（vinylidene chloride）	聚二氯乙烯，聚偏（二）氯乙烯
SCF	Scientific Committee on Food	食品科学委员会
t – ADI	temporary Acceptable Daily Intake	临时每日允许摄入量

163

	英文名称	中文名称
T$_g$	Glass Transition Temperature	玻璃化转变温度
TNE	Total Non – volatile Extractive	总不挥发物质
TOR	Threshold of Regulation	阈值豁免法规
UV	Ultra – Violet	紫外线